1天5分鐘 居家斷捨離

5min. 全圖解

山下英子◎著
鍾雅茜◎譯

So easy !

居家斷捨離的基本三步驟

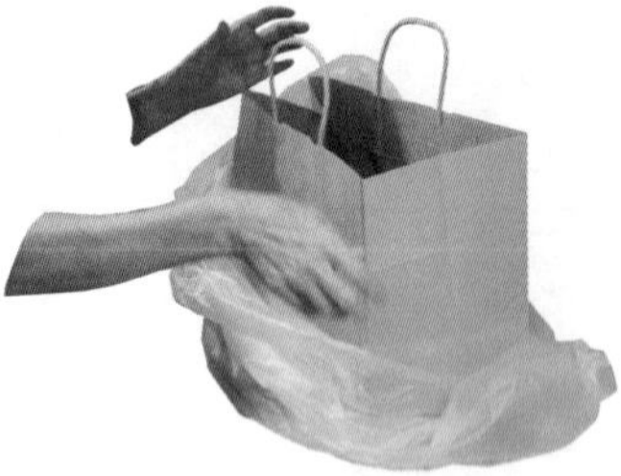

①
準備垃圾袋

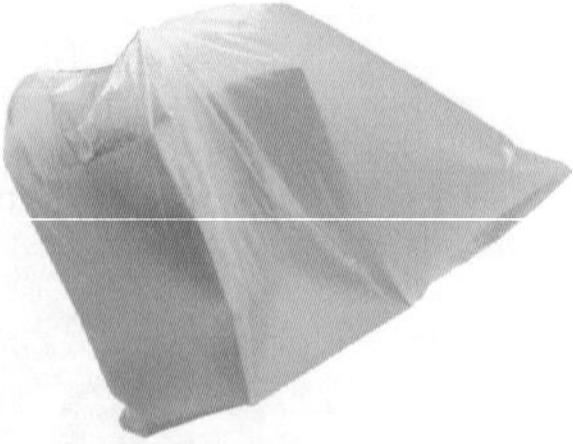

②
將不要的東西
裝入垃圾袋

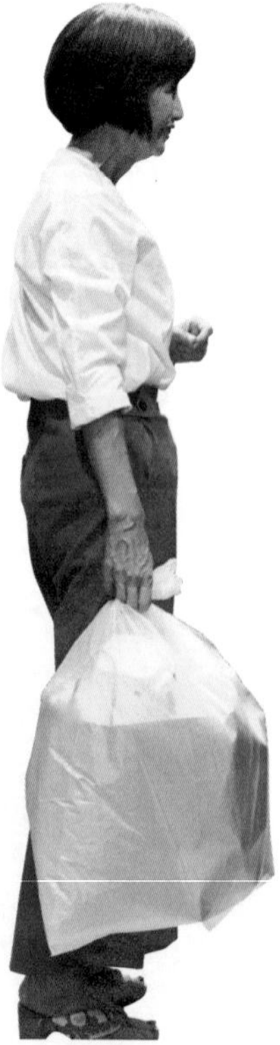

③
把垃圾袋
拿去屋外

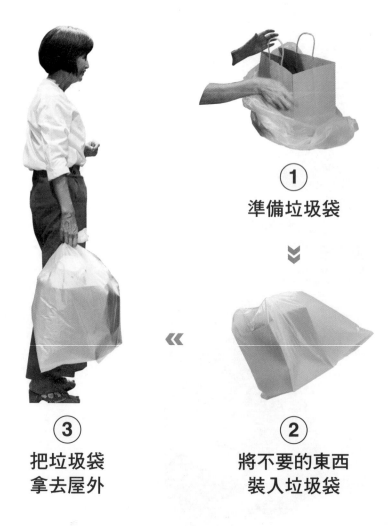

在本書開始之前

歡迎來到「1天五分鐘居家斷捨離」的世界。

為什麼是「一天五分鐘」？

這是我強烈建議正在煩惱「想要斷捨離卻無法辦到」的人，能夠採取的初步行動。

當你想要執行斷捨離時，心中是否曾出現下列的想法呢？

我太忙了，沒有時間。

我不知道該怎麼做。

我可能無法好好完成，會半途而廢。

東西實在太多了，不知道該從什麼地方做起。

你不用擔心。
斷捨離的關鍵並不是「會不會做」，
而是「要不要做」。

你不需要一開始就去處理大量的雜物或龐大的空間，
只要從眼前的一件小事開始做起，
就算只做五分鐘也沒有關係。

那麼五分鐘能做些什麼呢？
例如洗手的時候，
你可以順手拿紙巾將洗手台周圍擦拭乾淨。

當你要用紙巾擦拭時，
就會發現隨意放置的牙刷或隱形眼鏡盒很礙事。

不要將每天會用到的物品擺出來

牙膏、牙刷、洗面乳……只要洗手台上放了一個東西，其它雜物遲早會開始堆積。

一邊用紙巾擦拭，順手把擺出來的東西放回原處，
擦拭完臉盆周圍的區域後，這樣只要大約5分鐘。

這魔法的5分鐘，就像使用機器前要暖機一樣，
會加速你整理的動力。

這本書會從大家經常用亂的家裡場所開始，並教導這些空間的整理。

當在思考要「斷捨離」時
應該有一個動力推動著你「哦，我可以做到！」

然而，我在這裡寫的正是我的做法。
請按照自己的節奏，按照自己的方式
請繼續整理。

目次

序章 找出「無法斷捨離」的原因

第1章

1天五分鐘

玄關の斷捨離

第2章

1天五分鐘

客廳和飯廳の斷捨離

第3章

1天五分鐘

廚房流理台の斷捨離

第4章

1天五分鐘

餐具收納櫃の斷捨離

斷捨離專欄

第5章 冰箱內の斷捨離

1天五分鐘

第6章 廁所洗手台の斷捨離

1天五分鐘

第7章
1天五分鐘
浴室の斷捨離

第8章
1天五分鐘
廁所の斷捨離

第9章 1天五分鐘 衣櫃の斷捨離

第10章 1天五分鐘 書房の斷捨離

第11章 臥室の斷捨離
1天五分鐘

第12章 收納櫃の斷捨離
1天五分鐘

第13章 最後清理與丟垃圾の斷捨離

1天五分鐘

前言

生活沉悶時，更應該斷捨離

大家好，我是分享斷捨離技巧的山下英子。

自從新型冠狀病毒肆虐，導致大家減少外出，我便經常聽到「趁防疫期間斷捨離」這個說法。沒有想到，現在待在家中的時間大幅增加的我們，意外碰上斷捨離的大好機會。

我不知道正在閱讀本書的你，疫情的狀況已經發展到什麼程度。

但我能肯定，無論是被迫過著閉關生活（我用此說法來形容長期待在家裡的狀況），亦或是可以自由外出，盡情享受快樂的日子，「有沒有做斷捨離」都會令你的人生出現天差地別的變化。

因為居住空間能夠整頓心靈狀態、身體狀況、人際關係，並塑造出屬於你自己的人生。

待在乾淨、清爽、精簡的室內環境下，才能讓待在家裡的時間變得既充實又快樂。

遺憾的是，一般住家經常充斥著擁擠感和封閉感，常常見到不需要的雜物喧賓奪主，侵佔我們身處的空間。倘若再加上收納傢俱，原先受限的空間又變得更加侷促了。

人身處於高度擁擠及狹窄的生活時空，會變成什麼樣子呢？

想必不用我多說大家也知道，這種情況會對家庭、夫妻、親子之間的關係形成沉重壓力。

我們有時會追求和家人的相處時光，當然也會想擁有獨自一人，不需要去在意他人的時間。這是我們身為人自然且正常的需求。

但是，當這份需求不得不做出妥協時該怎麼辦呢？

其實，近來有許多背負沉重壓力的太太們來找我抱怨、表達氣憤和不滿，以及諮詢煩惱。

如何在室內生活。

如何在住家中生活。

如何在居住空間中生活。

把過去只想著朝戶外跑的想法轉向室內，為自己打造一個專屬空間。

如果以往的你一直把心思放在物品上，那從現在開始就多多關注空間吧。

斷捨離即是在創造居住空間。藉由斷捨離的方式，果斷地揮別多餘雜物，重新找回舒展的空間。

由你親自重新喚醒的空間，必定會在守護自己、保持身心靈健康狀態的層面上，給予巨大的貢獻。

一開始會失敗很正常

過去有很多人告訴我「他沒辦法斷捨離」。儘管心中想要斷捨離，認為自己必須斷捨離，但實際上卻辦不到。身體不想動，雙手也不想動。

其實，斷捨離的關鍵並不在於「你會不會」，而是「你做不做」。不管你在腦海中想過幾遍，看過多少教學方法，只要一日不採取實際行動，永遠也不會有開始。

話雖如此，我也能夠明白大家認為自己「辦不到」的心情。若把斷捨離代換成英文學習，我也有許多類似的感觸。

人想學會一件事，必定需要經過練習。沒錯，斷捨離也需要練習。如果是練習的話，你就會先浮現「想嘗試、想學習」的想法，而不是想著自己「會不會」。當「想嘗試」的心情變成「願意做」，你就會獲得「持續」的動力。在持續不斷的過程裡，你將漸漸懂得這麼做的快樂，以及更深一層的體會。

斷捨離是一種練習與鍛鍊，需要每日一點一滴地累積經驗。

不必害怕失敗、想停止行動也沒關係，因為這只是練習而已。

只要不斷地在嘗試與失敗中前進，成功總有一天會找上你。

既然這是練習，那應該也要有指導的老師或教練。因此，無法斷捨離的人也需要別人來指導與陪伴。

在日本，你可以聘請全國約七十位的斷捨離訓練師直接到府指導，而我寫作本書的目的，即是代替訓練師來陪伴大家，學習如何沒有負擔的斷捨離。

開始練習斷・捨・離吧

現在就來介紹斷捨離的基本步驟。

斷捨離的發想源自瑜伽，講求放下心中執念的行法哲學——「斷行、捨行、離行」，是一種整頓住家與心靈的做法。

斷 ……

「斷絕」湧入住家的雜物

捨 ……

「捨棄」廢物

離 ……

重複「斷」與「捨」，逐漸「遠離」對事物的執念

重複進行上述的三個步驟，便能促進居家空間的新陳代謝。

請你想像排除掉廢物，只擺放著喜愛物品的空間，那是一幅多美好的畫面呀。

舒適的開放感、隨時找得到物品、打掃方便、行動自如，擁有沉靜的心情、促進良好的家庭關係。

開始進行斷捨離後，你將能實際體會到上述感受。不過，斷捨離還有一個更長遠的好處。斷捨離能夠為你帶來更愛惜自己的生活方式。你將學會俯瞰紛擾的社會與人生，保持心靈處於愉悅狀態，並將這種快樂傳染給周圍的人，你不會再感到惶惶不安，更懂得活出自己的日子。

這就是斷捨離的長遠好處。

想要到達這個境界，你必須記得一件事。

我們的居住空間裡具有流動的「時間」。一如我常提及的──「物品減少了，時間就變多了」，你要經常提醒自己，時間與空間是不可分割的成套組合。

時間＋空間＝時空

請大家時時牢記這一點。

斷捨離是創造空間。
斷捨離是創造時間。

利用斷捨離果斷揮別多餘雜物，找回生活空間，孕育具有人生價值的時間。

從今天起，每天至少五分鐘，讓我們一起學會斷捨離吧。

序章 找出「無法斷捨離」的原因

你是否在替辦不到「找藉口」？

我們面對任何事情，總會忍不住為自己辦不到而「尋找藉口」。

沒有時間、沒有錢、一個人辦不到、家人不幫忙、沒有信心、不曉得做法……這些都是「消極想法」。

活在有限的時間、空間與能量中的我們，很有可能會對人生產生「消極想法」。

無論你針對「辦不到的原因」有多麼深入的探究或做過多少分析，若最終仍沒有配合實際行動，也只會淪為尋找戰犯、歸咎責任，甚至是推諉塞責的結果。

換句話說，人會因為找到藉口而感到安心。

在學習斷捨離的路上，我見過許許多多這樣的案例。我將大家容易陷入的「消極想法」分為以下七種。

七種「消極想法」

①「沒有時間」……裝忙的想法
②「我不能貫徹到底」……完美主義的想法
③「責備無法做到的自己」……扣分的想法
④「反正最後還是會恢復原狀」……放棄的想法
⑤「雜物實在太多，不知道該從哪裡開始做起」……逃避決定的想法
⑥「很多東西無法自己處理」……鑽牛角尖的想法
⑦「不知道該怎麼做」……刻板的想法

明明什麼都還沒做，腦中卻盤旋著各種想法，這種情況最後會導致斷捨離的難度不斷地升高。

斷捨離不需要花很多時間。大量的雜物也是從眼前的一個小東西開始堆積而成。只要我

們在過生活，東西當然就會順手亂放。要是沒有願意配合整理的家人，只有自己獨自默默處理雜物，當然會忍不住半途而廢。

遇到這種情況並不代表你辦不到，而是斷捨離這件事需要一步一步慢慢練習，請先記得這一點。

無論任何人都會有堆積雜物的傾向，這跟你家是大是小、生活忙不忙碌、家境富裕還是窮困毫無關係。

也就是說，要實施斷捨離跟你家中有多少收納空間，工作有多麼忙碌，或經濟層面好壞皆無關。

真正的關鍵在於「矯正自己的思考習慣及行為習慣」。

空間太小、生活太忙、沒有錢——這些是「不做斷捨離的藉口」，並非「辦不到斷捨離的理由」。你只需要每次都試著說服自己去活動身體、動動手、動動腳，當作運動一樣。

從下一頁開始，我將進一步說明七種「消極想法」的傾向與解決方法。

如果你覺得有哪一點說中了，請務必對照自己的狀況，踏出行動的第一步。

消極的想法①

「沒有時間」……裝忙的想法

你是否認為一定要有一段的完整時間，才能夠斷捨離大量雜物呢？

舉例來說，你的櫃子已經多年沒有清理，本來打算趁休假花時間徹底進行斷捨離，可是一到假日，卻有很多瑣事要忙，最後依然「沒有時間」。

試問你真的「沒有時間」嗎？

如果是做喜歡的事情，無論有沒有時間，想必都會去做。你是否一邊覺得自己沒有時間，卻又滑手機滑個不停呢？

時間存在於我們的意識裡。明明有時間卻又沒空，沒有時間卻又有空閒——這也是我開始進行斷捨離後才首次察覺的「時間騙術」。說到底，最重要的依然是要採取實際行動。

若能體會到「斷捨離很有趣」、「斷捨離很快樂」，你就會更想持續下去。當人在做有趣、快樂的事情時，我們就不會浮現「沒時間」的想法。

此外，你若想在假日一口氣斷捨離大量雜物，必須在平日就先一點一滴地進行。我用冬天需要熱車的汽車引擎來比喻，這種「一點一滴進行」的概念，大家應該就很容易理解了。汽車引擎冷卻後，需要一段時間才能重新發動。如果引擎已經完全冷卻，你想在熄火的狀態下突然發動它，引擎也沒辦法立即啟動。

這時你若有預先熱車，等到要開車時，車子便能順暢的行駛。

同樣的道理，只要平日有一點一滴的進行斷捨離，等到一有空閒的時候，你的斷捨離引擎早就預熱完成，可以一口氣整頓大量的雜物。

而且保持引擎啟動的狀態，也能夠防止雜物不斷入侵屋內。

順勢自然地減少「物品堆積」，好處是便於在平時就能打造出舒適的空間。

省小失大的法則

隔壁區的超市正在特價大拍賣！你特地騎腳踏車去採購，成功「省錢」。為了獎勵努力節約的自己，你買了一個蛋糕回家。咦？別說正負歸零了，根本是大幅增加支出！其實斷捨離也有這種省小失大的效果。

現在，我們先從五分鐘開始試著斷捨離。一天五分鐘總有時間了吧？

如果抱持著「只有五分鐘根本辦不到」的想法，你一步也無法接近內心期望的終點。

在這五分鐘內，你若能感到「我可以斷捨離這個東西」，就能首次體會到「達成」的成就感。

這就是邁入斷捨離下一階段的前進引擎。

消極的想法②

「我不能貫徹到底」……完美主義的想法

前面提到的「沒有時間所以辦不到」這種主觀想法，也包含了完美主義個性在內。既然要做，就要「徹底實行」，都花時間去整理了，可不能到最後又重蹈覆轍。像這樣事先拉高實踐難度的想法，只是在扯自己後腿而已。

斷捨離完全不需要所謂的「徹底實行」，只要把不要的東西丟掉就好，更不需要有「萬一又弄亂該怎麼辦」的想法。正常生活本來就會弄亂環境，斷捨離就是要在每次出現這種狀況時重複進行。

我也常聽到有人說：「這只有山下英子小姐才能辦到吧？反觀我自己……」

請別有這種想法，你現在辦不到是正常的，因為你還沒開始練習。

斷捨離是要每天一步一步、一點一滴持續進行的訓練。我也是在平時一點一點地做。沒有人能在完全未經練習的情況下，一出手就大獲成功。更何況，沒有經過任何練習，就先認定自己「沒辦法做好」，這想法本身就太高估自己了。

就像是想要學會說流暢的英文，就要先練習開口；想要學會彈鋼琴，就要先練習按琴鍵。不管是學英文、學鋼琴、學斷捨離，一切皆要從練習做起。

還有一件事。其實有許多人認為「斷捨離不過就是收拾東西，這種事誰都會做」。

雖然「收拾整理」是一項日常作業，但實際上做起來並不容易。因為這是一項基於認知空間、時間、反思人與物品關係的工作。再加上「捨棄」是一種與自我執念的對抗，需要堅持不懈地練習。

試著斷捨離，看著眼前的東西減少，你就會發現「原來我不需要這個」、「這個東西不適合我」。

當你懂得捨棄後，你將能首次體會到那股痛快感。

消極的想法③

「責備無法做到的自己」……扣分的想法

遇到無法斷捨離或斷捨離失敗的時候，最忌諱陷入悲觀，開始責備自己。

如同前面講述的完美主義想法，我們得先立下一個前提，告訴自己做不好本來就很正常。斷捨離是一種練習，就像初次接觸茶道的人，當然評不出茶的美味。

那你又為什麼要責備自己呢？

你的斷捨離目標是不是設得太高了呢？

我們只要從小小的目標開始，像是一天五分鐘，「只要做完這個就行了」。

我主持的電視節目「我家成功『斷捨離』了！」時，拜訪過許多家庭。其中也出現過長期堆積雜物，簡直化身垃圾場的住家。我之所以能幫他們在狀態時好時壞的情況下逐步學會斷捨離，正是因為我一開始，就明確給予他們「這一個月的拍攝期間，只要做到這樣子就好」的小目標。

設定低目標，完成後就稱讚自己。

「扣分的想法」即是在設定好目標後，用減法的方式思考。如同我們當學生時總是目標滿分一樣，我們很容易陷入從一百分往下倒扣的思考模式。

一旦產生負面想法，你就會責備自己：「我很沒用」、「我為什麼老是辦不到」。

當你浮現斥責自己的想法，就會失去提起幹勁進行斷捨離的積極能量。

所以，我們要把扣分的想法切換成，從零開始累加的加分模式。

稱讚前進一小步的自己、稱讚確實動手做的自己。只要丟棄一個東西，就能產生一個東西的空間。而這個空間會帶來新鮮的空氣，形成「再繼續執行斷捨離吧！」的良性循環。

除此之外，我們也不能忽視陪伴自己學習斷捨離的人。如同登山客攀爬喜馬拉雅山那種險峻山脈時，一定需要雪巴人引導他登頂。在拍攝電視節目時，工作人員跟我也都會陪著對方，聽他們說話，鼓勵他們，慢慢帶大家學會斷捨離。

所以你千萬不要為了「我辦不到」而責備自己。

消極的想法④

「反正最後還是會恢復原狀」……放棄的想法

努力做了斷捨離，好不容易找回寬敞的空間，但是過幾天後卻又回到散亂狀態，大家應該都有過這種經驗吧？這是很正常的事，只要我們生活在這個空間，東西就會變多，就容易弄亂環境。

不過，有些人打從一開始就會自暴自棄地認為「反正都會重蹈覆轍，就算斷捨離也沒有用」。

若把這個想法擴大來說，就等於「反正人終有一死，乾脆就不要活了」；縮小規模來想，就是「反正都會再弄髒，乾脆不要洗澡」。

維護是需要不斷重複進行的工作，不要以為只做過一次就結束了。弄亂後收拾乾淨，又弄亂的話再收拾一次，要像這樣子不斷重複才行。即使把窗戶擦得閃閃發亮，它也不可能就此不再蒙上髒污。

雖然斷捨離無法打造出「再也不會弄亂的空間」，但可以帶給我們「不容易弄亂，打掃起來很輕鬆」的環境，並不是「收拾乾淨後就結束了」。

那麼又「重蹈覆轍」該怎麼辦呢？

別因此感到失望，只要立刻再採取行動就好。無論什麼時候都要先從行動開始，而且別在行動前「為失敗找藉口」。

「消極想法」全都是出現在行動之前。事先設定過高的目標，仔細安排做事進度後，反而浮現「唉，我好像會做不好，我辦不到」的想法，最終選擇放棄行動。人一旦想太多就會害自己做事綁手綁腳，於是在採取行動前就先放棄。

斷捨離的最大關鍵就是「行動力」。

只要五分鐘就好，試著去捨棄一些東西。先從五分鐘開始做起。

消極的想法⑤

「雜物實在太多，不知道該從哪裡開始做起」……逃避決定的想法

看到整個家充斥著雜物，肯定有很多人會覺得「不知道該從哪裡開始整理」，不自覺陷入茫然失措的狀態。

在這種情況下，我們要從哪裡著手才好呢？

答案是就從眼前的東西開始整理，不必去想「應該從哪裡著手」。

身處於整潔的房間，不管是工作或讀書都能安心進行。

人總會想要尋求「正確解答」。

這就像眼前有一整排最愛吃的美味壽司，一時之間不知道要先吃哪個的狀況是一樣的道理。不過壽司就在面前，想必沒有人會直接放棄不吃吧，一般是不是都會先從眼前的壽司開始吃呢？

當我們身處雜亂的環境，思考會陷入停擺，不知道該從哪裡切入。反過來說，若不是身處於雜亂的環境，而是乾淨整潔的空間，你就能夠知道要從哪邊開始整理。

換句話說，這是由周圍環境引起的問題。

除此之外，我們心裡都有一種「逃避決定法則」在作祟。

舉例來說，當我們要從一百個東西裡面選出一個，我們會習慣性感到猶豫不決。人面對太多的選項，本來就會逃避「做決定」。

換句話說，看到商店裡陳列著一百種商品，自己本來打定主意要買某個東西，最後卻空手而歸。但是如果架上只有三個商品，我們就能「選擇購買」其中一個。

前往餐廳用餐也是同樣的道理。店家認為需要增加品項來吸引更多客人，於是洋洋灑灑地列出超多種料理。然而客人看到菜單上五花八門的選項卻無法抉擇，最後總是說：「我要今日特餐……」。

那麼當雜物佔據了我們的思緒，導致思考停擺時，我們又能怎麼做呢？

請你在心裡告訴自己，「先減少一半的數量」。

與其思考要選擇哪部分來做，不如先想著減少、減少、再減少。如此一來，你就能找出優先順序。

自然地做出「就從這裡開始」的決定。

消極的想法⑥

「很多東西無法自己處理」……鑽牛角尖的想法

有些人有「我必須扛起所有事情」的精神壓力，所以無法踏出斷捨離的第一步。

認為家事和育兒都是自己的工作，如此承攬一切的人也是一種完美主義者。要做就要做到不可挑剔，沒辦法把事情交給別人去做。

他們看到充斥著雜物的空間，先是忍不住碎念「東西堆到路都看不到」，接著逐漸累積「為什麼是我要做這些事」的不滿。沒有人願意幫助自己，沒有人理解自己的痛苦，心中漸漸湧現孤獨感。

為什麼沒辦法把事情交給別人做？

這樣的人若把事情交給別人做，就算不會受到他人責備，也會不自覺地感到內疚。這是受到「家庭主婦就應該這麼做」、「為人母親就該如此」的刻板想法影響，也許是我們的成長環境造就這樣的結果。

現在仍有許多人，對委託家事給外部業者這件事感到抗拒。「這本來應該是自己的工作卻不去做，選擇用花錢的方式解決」，這樣的做法會令他們產生罪惡感。

同樣的情況，有些人很願意為家人支出，卻捨不得花錢在自己身上。這類性格的人通常都習慣「能省則省」的生活模式。其實節約是一件很麻煩的事，想要節省用水，就要從浴缸中汲水洗衣；想要買到更便宜的價格，就要在許多店家奔波採買。

雖然最後你省到錢，卻沒有省到時間與力氣。而且，你還會因此消耗精神，反而花費更多的金錢。例如：為了獎勵自己，跑去買高級甜點紓壓。

要解決這種鑽牛角尖的問題，就是不要多想，把事情交給別人去做吧。

習慣替孩子摺好衣服的人，請試著叫孩子自己摺衣服。客廳、浴室、廁所等家庭共用空間也可以試著請老公幫忙整理。

不要打從一開始就認定「反正他們不會幫忙」，試著鼓起勇氣，向家人表達你的想法吧。

消極的想法⑦

「不知道該怎麼做」……刻板的想法

時常有人問我「不知道斷捨離該怎麼做」。

這句話最大的問題是，提問者認為「只要知道方法就能做到」。斷捨離並沒有所謂的標準做法。你們可能會想：「這本書不就是在介紹方法嗎？」其實你們有點誤會了。

假設本書的內容是「從這個地方，照這個步驟，把這個東西丟掉」，你會怎麼做呢？又如果這個做法並不適合你呢？

本書的核心重點是告訴大家一些降低斷捨離難度的點子。這些點子只是表示「我本人山下英子就是這樣斷捨離，你可以拿來當作參考」而已。斷捨離沒有所謂的教學指南。

不管你讀過多少指南書，只是一直增加書的數量而已。

「不知道做法」的煩惱來自於刻板印象。

真正的做法應該是在實踐斷捨離時，經過自己親身體會而學會的執行方式。這是一段嘗試與失敗的過程。

請大家拋下「只要學會知識就能夠斷捨離」的主觀想法。

也常有人問我：「斷捨離的訣竅是什麼？」我的回答是斷捨離有其奧妙，但沒有其它訣竅。

這就像是沒有任何經驗的人，對著前花式滑冰選手淺田真央小姐說：「請問有什麼方法能夠做出三周半跳（Triple axel）？」不，甚至是更基礎的問題：「請問有什麼方法能避免跌倒？」

這個問題很沒禮貌吧？淺田小姐過去不知道跌倒過數萬遍，她是在跌倒的過程中，一路堅持到現在。

倘若心裡害怕跌倒，那就什麼事也辦不成。害怕失敗就做不到斷捨離。所以，先動起來再說，做法是因人而異的。

斷捨離的關鍵字是保持「以自我為中心」。

而刻板的想法則是「以他人為中心」。

以自我為中心代表「由自身去思考，由自身去啟發，由自身去行動」。也就是找回自己的思考、知覺、感性。

思考、知覺、感性會受到周圍各種事物的影響，因此我們有時會搞不清楚哪些部分屬於以自我為中心，哪些又是偏向以他人為中心。

我們正是為了時常去驗證這點，才必須學習面對物品。

你「無法斷捨離的程度」是什麼等級？——先理解現狀

目前你的住家是什麼狀態？

有「無法斷捨離」煩惱的人，住家狀態可以分成三個等級。

①陷入「泥沼池」無法動彈的人
②陷入「下水溝」的人
③陷入「蓄水池」的人

最嚴重的是陷在「泥沼池」的人。

光是用「空間充滿物品」、「環境散亂」還不足以形容這個等級。這些人的雜物就像泥沼一樣沉積在屋內，而且上面還堆滿其他東西，呈現完全無法移動的狀態。這應該是最容易令人湧起放棄念頭的情形。

當住處宛如一灘泥沼，人生有可能也會跟著陷入泥濘，連掙扎的力氣都沒有。而開始斷捨離，就能開始掙脫泥沼。最煎熬的是在掙扎的這一段過程。

陷入「泥沼」後，手腳跟腦袋都無法正常運轉。

正因為當事人沒有身在泥沼的自覺，總是在責備自己「為什麼我無法斷捨離」。處於這種重症階段等級的人，已經必須將此視為一種「疾病」了。

第二個階段是有如「下水溝」般的住家。屋內到處都是物品，四處散亂，感覺無法行動自如。有些人住在這種環境下，往往會深陷為生活所苦、自我否定的漩渦。

住家是「蓄水池」的人東西相對前兩者較少。雖然就程度而言症狀比較輕微，可是仍然沒有清晰的視野，處於難以言喻的不滿足感。離清爽的開放感還有很遙遠的距離。

除了以上三種空間狀態，我們還要注意人在空間裡停留時間的長短問題。即使房間是一灘「泥沼」，對停留時間不長的人而言，就像是只泡到腳踝左右的程度。另一方面，就算只是「蓄水池」，住在家裡好幾十年的人就會相對感到疲乏。

每個人所處的情況都不盡相同，當事人很難對此有正確的認知。

「觀察家裡的空間！」

有一回我前往採訪的住家，完全就是「泥沼」狀態。

當事人是一對夫妻，住在屋齡二十年的房子裡。外觀雖然還算乾淨，但一踏進室內就感到一股不對勁的氣氛。屋內連接客廳與和室的拉門緊閉著，我請他們拉開紙門，發現地板上堆滿雜物，根本看不到榻榻米，窗外的防雨紗窗也關著，屋內一片黑暗。

我問他們從何時就把防雨紗窗關上，沒想到他們居然回答是十年前。而且二樓寢室也都是先生的私人物品，沒有睡覺的空間，他們只能在客廳睡覺。

也許他們在十年前曾遇過什麼事情。雖然不知道發生過什麼事，但他們肯定是經歷某些不如意的遭遇，並且就此視而不見。他們的感知已完全遲鈍化——不對，應該說他們已經陷入麻痺，到了無感的程度。

要幫助他們擺脫這個狀況，必須先大聲對他們吶喊：「請仔細看看這個空間！」很多人即使雙腳陷入「泥沼」，半身泡在「下水溝」，仍然毫不在意地過日子。儘管外表看起來毫無影響，實際上卻等於是把自己丟在「受虐空間」裡。

生活在如此環境下，更別談懷抱夢想或實現夢想了。因為身處這種狀況時所描繪的夢想，不過是為了遠離現實的幻想，只是一種逃避現實的心態罷了。

理解現狀有助於找出解決方法，也會間接促發行動。

理解現狀就是要睜開眼睛仔細觀察。

仔細觀看，了解自身當下的感受。

理解現狀後，再以斷捨離的「需、適、舒」守則去捨棄與挑選物品。

所謂「需、適、舒」指的是——

需……需要、不需要
適……合適、不合適
舒……感覺舒暢、感覺不舒暢

請你先在心中問自己這三個問題吧。

我不會停止向大家提供協助，因為我知道只要改變空間環境，人必定也會隨之改變。明明只要把東西丟掉就能解決了……雖然有時也會浮現這種急躁的想法，但我會堅持下去，因為我到現在仍會看到有人因為斷捨離而改變人生。

來吧，讓我們一起透過斷捨離重獲新生吧！

斷捨離三步驟

理解現狀

步驟① 打開所有收納空間，把所有東西擺到平面上一次俯瞰。

選擇取捨

步驟② 用「需、適、舒」法則來篩選物品。

邁向自立、自由、自在

步驟③ 以「方便拿取、方便收拾、舒適美觀」的概念，將東西收回原位。

5 min.

第 1 章

1 天五分鐘

玄關の斷捨離

歡迎來到山下英子的家。
沒有高低差的玄關地板，只有一片
存在感鮮明的腳踏墊。

玄關的「任務」

玄關是「出門」與「歸來」的地方
這裡應該是舒服地送你出門，舒服迎接你回來的空間
對訪客來說也是「迎賓」的地點。

5 min.

1天五分鐘居家斷捨離❶

丟掉「不需要的塑膠傘」

雨傘象徵著「未雨綢繆」。

沒有人想被淋成落湯雞，可是生活也不會每天下雨。一般來說，人只要在下雨的當下能夠避雨就行了。

雖然有些人會隨身攜帶摺疊傘「未雨綢繆」，但也有不少人會把傘放在家裡。這時若天氣忽然下雨，我們就會跑進超商買一把塑膠傘。這把塑膠傘其實只會在當下使用。等你成功避雨回到家裡，塑膠傘就「功成身退」了。

買完、用完、丟掉。即使心裡有這種一次性使用的打算，但傘是具有實體的物品，我們總會順手留下，插到傘桶中，導致家裡的塑膠傘愈來愈多。

因為我們用「可能遭遇下雨天的頻率」，把它當「備用品」來作為篩選標準，所以才想永遠放在身邊，留在家裡面。在不知不覺中，這麼多的東西早已超過必要數量。

一個人只需要一把傘就夠了。

只要保留一把價格稍高，但很愛惜使用的傘，或是自己最喜歡的雨傘，就會令人期待雨天的來臨。現在檢視看看，你家中的傘桶裡是否有塑膠傘呢？如果傘桶裡的塑膠傘數量超過家庭人數，就把多餘的傘都丟掉吧。

我現在只有一把愛用的摺疊傘。所以門口沒有長傘，當然也沒有「傘桶」。

沒有傘桶的空間

沒人規定雨傘一定要放在傘桶裡。使用完晾乾後，就可以收到收納櫃的門後了。

雨傘一直保持濕潤狀態會造成臭味與發霉，一定要趕快通風晾乾。

5 min.

1天五分鐘居家斷捨離❷

選出三雙「現在最想穿的鞋子」

鞋子是「行動」的象徵物，鞋子具有讓我們穿著它前往許多地方，遇見許多人的期待感。不管是什麼東西，只要我們試圖以用途來分類，數量就會無限增加。鞋子就是一種以用途分類，也就是以TPO（時間Time、地點Place、場合occasion）來區分的物品。

我們會在腦海裡想像穿上鞋子的各種畫面。這個時候要穿這雙鞋，那個時候要穿那雙鞋。要是這些想法沒有跟實際空間與時間做好整合，鞋子就會大量增加，擠滿家裡的鞋櫃。

你現在的鞋櫃裡有幾雙鞋？裡面是否有最近沒在穿的鞋子？有沒有因為不太合腳，所以不喜歡穿的鞋呢？

用有如鞋店般的擺法來展示鞋子

位於玄關旁的鞋櫃。理想是只收納五雙鞋，讓每雙鞋都能確實展現各自的美。

重點在於「要怎麼留下空間」，而不是「要怎麼收進去」。

只有兩雙重複穿的百搭鞋款

放在第二層，相同風格，不同顏色的涼鞋。一直輪流穿到出現磨損，一季結束後再跟它「感恩道別」。

現在你先別想著「要丟掉哪雙鞋」，而是試著挑選出「想要穿的鞋子」。以想要穿在身上，享受時尚感的正面心情為主。

篩選標準是一季各三雙。三雙高跟鞋和涼鞋，另外頂多保留一到兩雙球鞋或拖鞋等不同用途的鞋子。

我今年春夏只有穿兩雙鞋。依照我的慣例，只以少數的鞋款重複穿搭。兩雙都是穿起來很舒適，適合搭配各種風格的涼鞋。

5 min.

1天五分鐘居家斷捨離❸

斷捨離「不需要的靴子」

靴子代表的是「憧憬」。

長靴、短靴等各種流行都成為過去式，最近的主流風格似乎是「沒有流行就是流行」。

你可以把過去曾經愛穿，但已經「退流行」的靴子從鞋盒裡重新拿出來穿。或是當你拿出來穿之後，覺得「好像不太合適」，你也可以直接跟它道別。那些不自覺收到鞋盒中的靴子當然就是斷捨離的第一順位。

對我個人而言，靴子是「騎馬」的象徵。

我從2018年開始學騎馬。我與友人常會找時間一起前往腹地廣大的農場。全身穿著馬術服，腳上套著貼腿長靴，幻想自己化身為英氣十足的馬術師。騎馬是各種運動中唯一

帶著我前往遠方的靴子。

會與動物共行的特殊運動，沒有先和馬建立良好溝通就無法好好騎乘。

馬十分擅長觀察人類，牠們會直接做出反應，讓你無法欺騙自己。就算你虛張聲勢，馬也會看透一切。

騎馬是一種讓人深刻反思自我的運動，就跟斷捨離一模一樣。

等待下一季的到來

我有三雙靴子。正中間的靴子用來平日外出穿搭，左邊長靴和右邊短靴則是騎馬時穿的靴子。

5 min.

1天五分鐘居家斷捨離❹

整理門口的腳踏墊

玄關是間接連結屋內與室外的重要場所。

在我家，我儘量「不放置任何物品」。嚴格來說，我只有在玄關輕輕鋪著一個腳踏墊。這張地墊的花紋大膽卻又細膩，配色恰到好處。

當初我在網路尋找卡什加波斯地毯（Qashqai），最後買下這張描繪著我熱愛的動物紋地毯。

我用地毯取代從落塵區進到室內的高低差，作為「從這裡開始就是室內」的標記。

鞋子收在「步入式鞋櫃」裡，雨傘晾乾後也收進鞋櫃角落。我沒有拖鞋和拖鞋架，也沒有展示櫃與衣帽架。這就是我家玄關的空間。

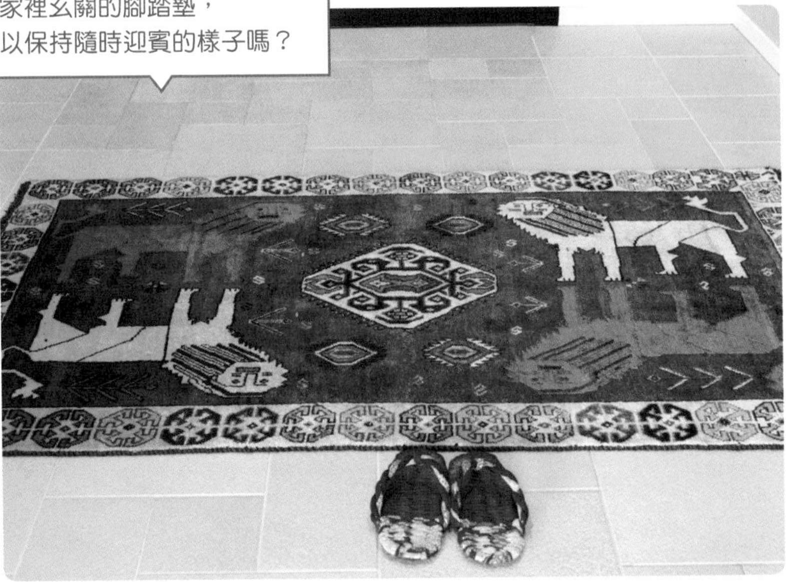
你家裡玄關的腳踏墊，
可以保持隨時迎賓的樣子嗎？

動物花紋的迎賓地墊

這是伊朗遊牧民族手編的波斯地毯「卡什加（Qashqai）」，
用我最喜歡的動物圖案來歡迎訪客。

現在我想請大家想想關於玄關腳踏墊的「需、適、舒」。

你家門口的腳踏墊有表現出迎賓的感覺嗎？有保持乾淨嗎？還是你只是隨意放在那裡，毫無清爽感呢？

門口的腳踏墊與玄關空間一樣，都是維護作業很麻煩的地方。如果你覺得地墊看起來不舒服，那就把它列入斷捨離的候補名單吧。

我平常就會用吸塵器清理地墊，有時也不忘把它拿起來透透氣。一旦沾到髒污就馬上送去洗衣店清洗。

5 min.

1天五分鐘居家斷捨離❺

斷捨離門口的拖鞋

用草鞋代替室內拖，穿起來很舒適。

在你心中是不是主觀地認為「沒有拿拖鞋給客人穿很失禮」呢？

有些住家會在門口常備室內拖，卻因為很少機會使用而閒置。

換句話說，玄關的室內拖可說是一種「自以為需要的東西」。

這也許是因為，大家內心對需要穿室內拖的豪宅或上流階級抱有憧憬吧。

其實門口有沒有放室內拖都無所謂，不管是想在家裡打赤腳還是穿拖鞋，都是屬於個人的生活風格。

我家不放室內拖，因為我覺得赤著腳到處走很舒服。我在新冠疫情開始蔓延後，所開設的線上課程「斷捨離瑜伽」，也是赤著腳走來走去。再者，我一點也不怕冷，所以向來不需要穿室內拖。

我喜歡把地板擦拭得閃閃發亮，直接用腳底板去感受潔淨感，也會請客人「直接赤腳進屋就好」。

門口的室內拖其實不容易維護清潔。我們很少會頻繁地清洗拖鞋，因此要保持拖鞋潔淨是一件非常困難的事。而且閒置的室內拖也容易變成髒污和灰塵的溫床。

加上室內拖會佔用一定空間，常常在有限的空間內造成壓迫感。

如果你覺得迎賓的玄關不適合擺放沒什麼機會登場的室內拖或拖鞋架，那就別猶豫了，直接斷捨離吧。

在客廳做「斷捨離瑜伽」

我會在客廳鋪上一張瑜珈墊，跟螢幕上的大家一起伸展身體。

5 min.

第2章

1天五分鐘

客廳和飯廳の斷捨離

陽光從大片窗戶灑進
明亮光線。整個活動
空間充滿活力。

客廳的「任務」

客廳就是起居間，以及享受當下的時刻。
此時此刻，在這裡生活。
此時此刻，把這裡化為生活。

5 min.

1天五分鐘居家斷捨離❻

從餐桌上的雜物開始收拾

餐桌是「團聚」的象徵，空間裡散發著讓人忍不住聚集的氛圍。

餐桌不擺放任何東西——這也是一種呈現方式。

非聚集時間，餐桌沒有發揮集會功能時，桌面必須重新回到原本的樣貌。餐桌上只能放置現在進行式的物品。

明明已經吃完早餐，你的餐盤卻還是擺在原位嗎？

吃早餐的集會時間早就結束了，請把餐盤收拾乾淨，讓餐桌回到全新的狀態，然後「準備呈現下一次的聚會」，不斷重複著這個過程。

如果桌上總是擺滿調味料或書籍，就沒辦法站在形塑氣氛的起點，好好思考如何去呈現聚會空間了。

地上也沒有堆放任何東西。

餐桌上是「歸零」狀態

正因為沒有任何東西，腦中才會浮現各種「集會」的點子。

我們有很多能夠表現聚會的主題，不會因為它是餐桌就只侷限在「飲食」，你可以拿來學習、工作、遊樂，任你自由變化呈現方式。

我家的餐桌是使用兩百公分乘一百公分的大尺寸桌板。

可以合併兩個桌子變成正方形的會議空間，也可以縱向並排變成宴會的餐桌。最近剛好碰上疫情，有時也會拿來作為保持適當「社交距離」的集會道具。

把兩個桌子縱向並排，
馬上就能拿來舉行重
要會議。

位於生活空間正中央的大桌子

這是義大利製的餐桌。設計上用玻璃製桌腳支撐桌板，
讓桌子彷彿浮在半空中。

5 min.

1天五分鐘居家斷捨離⑦

從沙發上的雜物開始收拾

沙發代表的是「憧憬」。我們總是「誤以為」客廳有沙發才有聚會、放鬆、招待客人的感覺。

請恕我直說，沙發根本是毫無用處的東西。

物品本身都有它該有的「任務」。像是在日本、台灣這種居住空間狹小的國家，不容易發揮沙發的功能。沙發原本應該是大家用餐後，可以放鬆地聊天喝茶的地方。

但是實際上……我們要不是背倚著沙發坐在地上，就是把脫下來的衣服或看到一半的雜誌暫時堆在上面，我說得沒錯吧？

沙發應該獨立擺在大空間裡，周圍留下能夠繞行一圈的空間，而不是緊挨著牆壁。

沙發堆滿雜物是大部分家中常見的生活狀態。

除此之外，我也經常見到沙發與室內風格不搭的情形。這就像蛋糕與饅頭一樣，兩者本來就屬於不同風格。

在沙發上打滾的確很舒服，我也曾經「失敗」過好幾次，所以能夠體會大家忍不住想買沙發的心情。

捨棄現有沙發屬於斷捨離的高手等級，很少人能夠到達這種境界。

因此我們的第一步就先從沙發上的東西開始整理吧。讓沙發恢復休憩的功能，而不是變成堆放東西的地方。

不僅如此，我們還要再問問自己：沙發本來的任務應該是什麼？

5 min.

1天五分鐘居家斷捨離❽

收拾地板雜物，給掃地機器人便於移動的空間

有一位現在很紅的斷捨離訓練師聽到有人問他：「斷捨離之後有什麼改變？」他立刻回答：「我現在能看到家裡的地板了！」

其實有很多人都有相同感想。隨著掩蓋在東西下方的地板重見天日，我們會發現之前沒注意到的髒污與灰塵。尤其這些髒污灰塵在清爽的室內空間裡顯得十分突兀，所以當我們浮現這個想法，身體自然會採取行動。

立刻去清潔、擦拭、刷洗。

我老實地告訴大家，其實我本來就不喜歡打掃。現在我能隨手「清潔、擦拭、刷洗」，是從我開始致力於斷捨離之後才養成的習慣。因為我已經親身體驗過「清潔、擦拭、刷洗」之後會得到的舒適感。

地板沒有任何障礙物，可以專心打掃。

我是家中不辭辛勞努力打掃的寵物

打掃過一間又一間的房間，不斷旋轉移動的盡責機器人。隨時有人來訪，都能以乾淨的空間來迎接對方。

偶爾會用到的拖地機器人「Braava」也在櫃子裡待命。

不過，現在是個便利的時代，我的打掃工作早已全部交給「掃地機器人」代勞。

我唯一要做的只有努力斷捨離，讓它能夠方便移動。就算是再怎麼優秀的掃地機器人，遇到關鍵打掃區域的地板到處堆滿東西，機器人就會發起罷工行動。

髒污與灰塵都清理乾淨後，再用平板拖把乾拖一次，最後跪趴在地上將地板擦洗乾淨。

手腳一起動一動，比起去健身房更能活動身體，房間還能變得一塵不染。

現在就馬上斷捨離掉一個不需要的雜物，減少多餘的打掃麻煩吧。

5 min.

1天五分鐘居家斷捨離⑨

斷捨離五個容易累積灰塵的裝飾品

喜歡的小東西，家人的照片，當季的鮮花……室內裝飾品能夠表現自我風格，因此我們總愛放置各種擺飾。但是這些東西你都有保持乾淨嗎？當雜物愈來愈多，東西就會失去存在感，逐漸淪落到被遺忘的命運。

關於「物品擺飾」的部分，我通常會效仿「茶道」的世界。

在空間裡擺上掛軸與一朵插花，點一杯茶品味當下季節感。

正因為周圍留下的空間，才得以突顯花朵凜然的姿態。不需要擺設多餘的東西喧賓奪主，也不需要過多想法與過度的表現。

唯一需要的只有留白——

不需要多說，斷捨離就是減去多餘、過剩的東西，讓人能夠享受留白的雅緻之美。因為沒有任何雜物，就算只是一個擺飾或是一朵花，也足以彰顯其存在感。

我們常常熱衷於在地板放置擺飾，煞費苦心去裝飾牆壁。可是卻變得不只是放置而已，而是層層堆疊——不，應該說是「惰性囤積」。

居住空間因此變得擁擠煩躁，離清爽感愈來愈遠。茶道是一種整頓的行動藝術，茶與留白的空間藝術，完美結合空間、物品、行動的力量。

我一年都會參加幾次茶會，每次都能令我重新領悟斷捨離的真諦。

用溫暖的植栽來裝飾矮櫃

豪邁細緻風格的日式矮櫃上，放著綠色的細枝植物與線香，給人放鬆柔和的感覺。

窗邊的風趣五人組

在長桌邊緣放置充滿異國情調的人形擺飾，映照出活潑的剪影。

牆壁掛畫與擺飾的組合，在屋內一隅營造神秘氣息。

坐鎮在客廳貴賓席的沖繩風獅爺

這是我到沖繩旅遊時，在常去光顧的店家裡購入的風獅爺。只要放在視野之中，我就不會疏於清潔工作。

5 min.

1天五分鐘居家斷捨離⑩

將亂成一團的電線，統一收進籃子

不在地面上堆放物品是我的原則。像是書房的櫃子、床架、床頭櫃，我都會選擇有腳的傢俱。不止便於打掃，室內風格在視覺上也比較有質感。

但是電視、冷暖氣機、電子產品等機器的電線如果在地上亂成一團，就會毀了空間美感。這時我們可以準備大小適中的籃子，把線材全部收在裡面。這樣就能消除視覺上的「雜亂感」，賦予空間清爽的氛圍。

另外還有一個很實用的東西——「電子產品收納盒」。

相機、錄影機、耳機、USB、充電器等電子產品或線材類，都可以放到同一個盒子管理。因為有統一用途，不會找不到東西。

收納時也不要把東西擠滿整個盒子，要保留「能一目瞭然物品所在處」的空間。

特別是容易纏在一起的充電器電線以及有線耳機，可以拿毛巾質地的髮圈綁起來。我用的是飯店盥洗用品會提供的鬆軟髮圈，這種比一般橡皮筋更好用，外觀也很可愛。

整理時要以無論何時都方便取用，同時兼顧美觀的方向去思考。

每個房間都有的繁雜線材！靠這招一次解決。

連房間角落也很美

讓無法盡數隱藏於傢俱後的「漏網之魚」徹底變身。

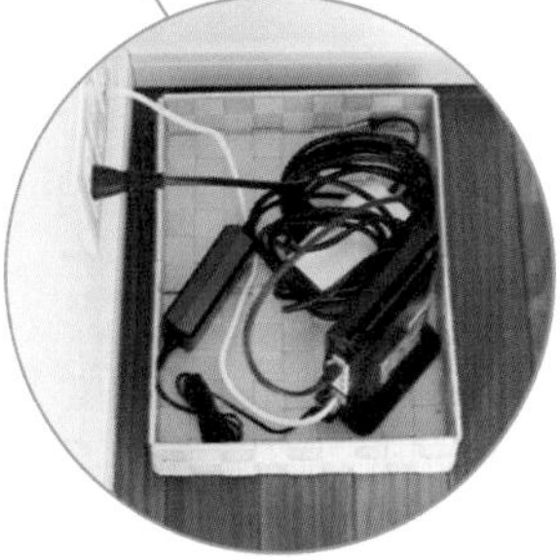

統一整理也有助於方便打掃

線材周邊是灰塵的溫床。打掃時要拿起盒子，清潔盒子下方地板的髒污，盒子內的灰塵也要進行重點清潔。

不要在「三大平面」上放置物品

平面①
桌面

從「空無一物」開始

想要好好營造用餐的儀式感，就先從這點做起。即便是獨自居住的人，也能透過用餐來款待自己。

不在平面上放置物品是斷捨離的鐵則。

桌子、地板、中島櫃——請隨時保持這三個平面清爽整潔，讓這些地方成為空間的留白，生活將由此產生更多能量與心靈上的餘力。

可能你會說，但是我們很容易隨手放東西在這些地方。不僅如此，還很擅長把東西變得堆積如山。有一就有二，有二就有三跟四，漸漸地對隨手擺放物品的動作失去抵抗力。

而且大家應該都會問，如果不放東西在「三大平面」上，這些大量物品應該放到哪裡去呢？

我再重申一次，平面並不是拿來

平面②

地板

「空無一物的地板」會讓人有動力在家走路

如果地板上有雜物，會在物理上及心理上限制我們的行動。

平面③

櫃子或中島櫃的台面

突顯擺飾品的質感

對於總會令人「想隨手放東西」的櫃子或中島櫃，請先將東西清空，然後再來妝點空間。

擺放東西的地方。因為每個平面都有它們各自的「任務」。

桌子有桌子的任務，地板有地板的任務，中島櫃有中島櫃的任務，它們的功能並不包含堆置雜物。

換句話說，當這些平面上有其他東西，桌子將無法好好作為用餐的地方，地板無法讓人感到放鬆，中島櫃也失去擺盤出餐的功用。

若這三個平面無法完美發揮作用，就會逐漸使人委靡不振、消耗生活精力、讓人生走下坡。

所以請先從空間留白做起，至少斷捨離一項東西，慢慢地找回大面積的清爽空間吧。

讓客廳的櫃子變得方便使用，能夠立刻知道櫃子裡放什麼東西

我用日式五斗櫃收藏我喜愛的和風小物。每一格抽屜都有自己的主題，各自有如一幅完整的圖畫。抽屜底部使用能襯托器皿或小東西的餐墊，或是除濕用的國外報紙。

最上層擺放線香組合

在早晨或睡前做瑜伽時，我會搭配線香。

使用托盤來用餐

這是我喜歡的木製托盤。不只能用來擺盤，也很適合盛放「一人套餐」。

九谷燒的酒杯

拉開抽屜，沉浸在五顏六色的酒杯世界裡。也能拿來當作小碗使用。

櫃子不是用來塞東西，
而是用來觀賞、觸摸、
使用的物品。

舒服地倚靠在大牆面上

充滿存在感的日式木櫃，本身就是與客人交流的溝通工具。

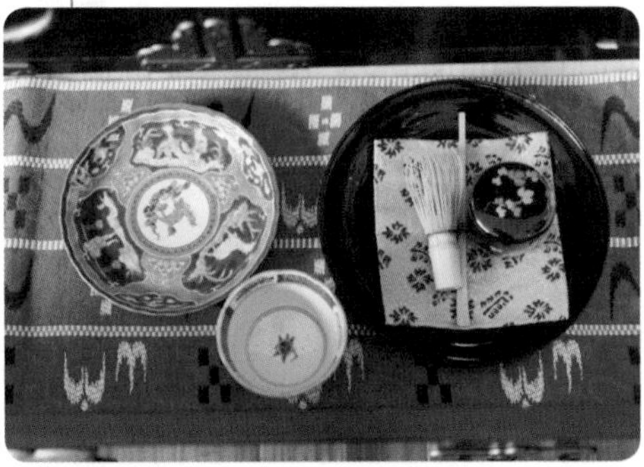

茶道的用具

沖泡一杯抹茶來享用，這就是理想中的悠閒生活。

5 min.

第 3 章

1 天五分鐘

廚房流理台の斷捨離

流理台的平面上只放置最少量的東西。讓這裡成為能夠愉快下廚的地方。

流理台的「任務」

廚房的流理台是提供健康、食安的場所。
同時也是能愉快下廚的空間。

5 min.

1天五分鐘居家斷捨離⑪

丟掉廚房抹布，換成廚房紙巾

沒有其他東西，能比一直重複使用的抹布還骯髒。

也沒有其他東西，能比掛著晾乾的抹布還難看。

擦拭完餐桌跟流理台，還得把抹布洗乾淨，掛起來晾乾，硬生生多了一個步驟，必須在收拾完之後再收尾一次。

我們既不想把髒污的抹布跟衣服一起丟進洗衣機清洗，要浸泡漂白劑更是耗時費力，根本是讓家事變得加倍累人的麻煩存在。既然如此，那就斷捨離吧。

在這部分，我都是靠紙巾來處理所有擦拭清潔的工作。

依厚實強韌度來挑選紙巾

這是我使用過最強韌的廚房紙巾，美國製的「BAMBOO REUSABLE TOWELS」（台灣電商平台及美式賣場可購得）。

我最近的愛用品是在電商上發現的紙抹布（如上圖）。它比一般廚房紙巾更厚實強韌，是可以重複清潔使用的類型，非常實用！

擦完餐具後，接著擦拭流理台、水槽、瓦斯爐，徹底使用完畢後就丟進垃圾桶。

為了在有需求時能夠隨時取用，我的廚房櫃子或抽屜等多處地方都有放置這種紙巾。補充品則是「統一收納區」在走廊的收納處。

大家覺得如何呢？

將過去令你厭煩的習慣斷捨離，也只要「一天五分鐘」就能夠辦到了。

5min.

每天順手擦拭刷洗瓦斯爐，就能亮晶晶

受疫情影響，可以閉關在家度過清閒的一天。我比平常更用心地執行斷捨離。家裡沒有客人來訪，能夠加快篩選物品的速度。斷捨離之後，就會想要開始清掃、擦拭、刷洗。

平日都是交給掃地機器人打掃寢室與書房裡的地毯。閉關時，特別拿起吸塵器再吸一次，地板也用平板拖把擦拭每一個角落。

接著開始「刷洗」工作。把廚房水槽、盥洗室的洗臉台、水龍頭都刷到亮晶晶，最後也沒忘記把瓦斯爐刷乾淨。

瓦斯爐是最容易看出平常是否有在清潔的地方。如果「每次使用後」都有順手擦拭，便不需要費勁刷洗頑固的油垢。

此外，一心專注刷洗就像佛教的奢摩他冥想一樣（將意識集中於一點，平靜心靈，得到靈性的啟發），行為本身就能帶來愉悅與趣味。

在清掃、擦拭、刷洗這三道手續中，能堅持做到「刷洗」程度的人其實是很厲害的高手。絕大多數人在進入這個階段前就已筋疲力盡，忍不住停下來休息。

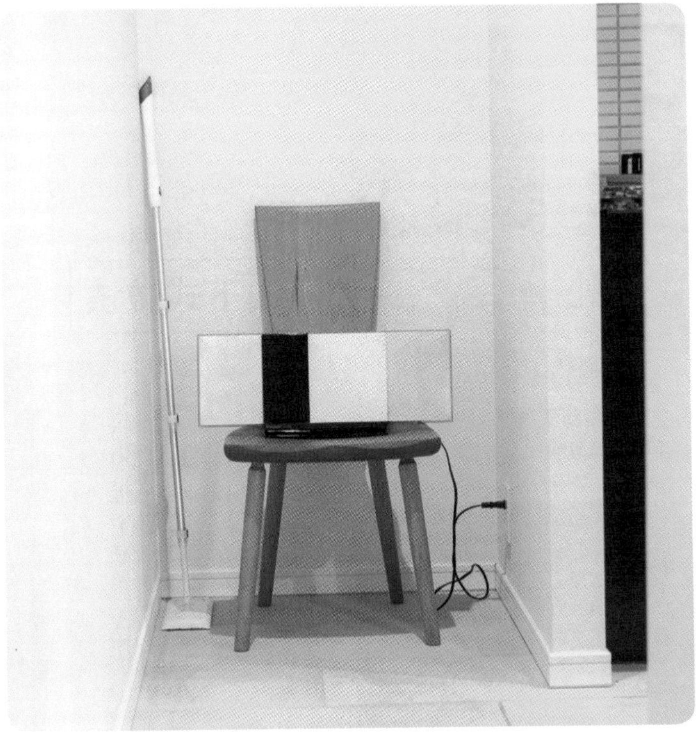

可以邊打掃邊聽音樂

優點是可以放在身邊，方便隨時取用的輕便性。
記得放點音樂，一邊快樂地打掃。

正因如此，我想趁這個機會告訴大家「刷洗」的重要性。

有經過刷洗就會閃閃發光，沒有刷洗就不會發亮，這是很簡單易懂的事實。

重點就只有這樣而已。

換句話說，這是你有採取行動，或者是怠於行動的證明。有刷洗就能得到亮晶晶的結果，這個道理不只能用在物品上，也能比喻我們自身。

山下式做法

垃圾袋別塞滿——舒爽的做法

先準備好「塑膠袋」

避免在三角空間堆積蔬果殘渣，先在砧板旁放好塑膠袋再開始切。

切好柑橘類水果了

放進氣泡水增添風味，我會在水裡添加我在鹿兒島指宿購買的萊姆或粉紅檸檬。

放入保鮮盒供隨時取用

用保鮮盒裝好水果，放到冰箱裡冷藏。可以拿來料理，也能加到飲料裡使用。

把水果蒂頭丟進塑膠袋

切下來的水果蒂頭要馬上丟掉，趁塑膠袋還有空間時把開口綁起來。

拿廚房紙巾將刀子擦乾淨

幾乎沒有髒污的刀子不需要清洗，用紙巾快速擦乾淨就好。

砧板也用紙巾擦拭

如果是切檸檬或萊姆，不需要用水清洗砧板。只要擦乾水氣，將砧板立起來晾乾。

隨手做家事——有需要就使用「小塑膠袋」

料理與收拾是不可分割的一連串動作。切完東西馬上洗，炒完食物馬上洗……蔬果殘渣也會愈來愈多。如果心裡打算「等一下再收拾」，最後就會看到堆滿盤子的水槽，以及全是菜渣的流理台，這時你就提不起幹勁一口氣收拾殘局了。因此，我們面對家事要隨做隨收。

準備好小塑膠袋，趁垃圾還不多就拿去丟掉，不需要因此感到內疚。

1天五分鐘居家斷捨離⑬

5min.

體驗刷洗流理台水漬的舒暢感

曾經有人問過我：「泡熱水澡的舒服感，和把水槽刷到閃閃發亮的舒服感，兩者有什麼不一樣？」

提出此疑問的女性，她從來沒有刷洗過廚房的水槽。你們覺得很驚訝嗎？回顧過去，以前的我也是如此。

剛結婚的時候，每次看到婆婆勤勞地刷洗水槽，連水漬都要擦得乾乾淨淨，我總是暗自覺得奇怪，「反正很快又會弄髒了，為什麼要刷洗呢？」

但現在的我不再有這種想法，因為我已經明白將廚房水槽與水龍頭刷到亮晶晶後的舒暢感。刷洗動作本身就會帶給人很棒的感覺，而刷完之後一塵不染的畫面也讓人感到很舒服，

用刷洗水槽來結束一天

刷水槽是我睡前的例行公事。每天清洗排水孔就不會留下滑膩水垢，最後再將水漬徹底擦乾淨。

對地球與肌膚都很友善的去污劑。

Mrs. Meyers 的清潔劑與洗手乳。（台灣電商平台可購得）

這是一種雙重的舒適感。

回到一開頭的那個問題，我是這樣回答的：泡澡的舒服感是一種療癒心靈，放鬆身心的舒適感，也就是慰勞自己的感覺。

而把水槽刷到亮晶晶的舒暢感則是鼓舞人心、振奮精神的感受，也就是用心善待自己的感覺。

無論是誰，身處一塵不染的空間，能夠使用潔淨的器具，肯定都會感到舒爽。

而這其中最大的差別，就在於你的行動是被動還是主動。

將水槽刷到光潔亮麗後的感覺，也是一種靠自己積極爭取到這個結果的激勵感。

5 min.

1天五分鐘居家斷捨離⑭

更換洗碗海綿

洗碗海綿是「乾淨」的象徵。海綿的用途是將餐具刷洗乾淨，如果海綿不乾淨，我們就不想拿來刷洗會直接碰觸到嘴巴的餐具。

不過有些人會持續使用同一塊海綿，直到內心開始產生「這個要用到什麼時候？」的不安感。洗碗海綿是細菌的繁殖場，絕對不能一直用到海綿發黑。

海綿一定要頻繁更換。我大概都是一週更換一個，反正海綿也不是要價幾千或幾萬元的物品。

看到洗碗海綿變得有點髒髒舊舊時，就拿來刷洗水槽跟瓦斯爐，或一併將洗手台清洗乾淨，然後就丟進垃圾桶。把使用海綿的觀念轉換成用完即丟。

以顏色選擇海綿

這是我目前愛用的洗碗海綿。在超市色彩繽紛的海綿商品中，看到白色海綿忍不住就買了。

一週更換一個海綿

不管怎樣，海綿就是每天都會弄髒的消耗品，要戒掉捨不得丟掉、長期使用的壞習慣。

海綿最令人感到神秘的一點，就是各大商家販售的海綿大多是像維他命的顏色。螢光黃、橘色都是常見的海綿色，但我會特別選擇白色或自然色的海綿。

我都是買科技海綿回來切割使用，有一陣子也曾經將別人送我的可愛麻布袋，拿來代替海綿使用。

為了讓自己身處廚房時能感到愉快的心情，視覺上也要呈現愉悅的氛圍。大家要勤奮更換海綿，養成流暢的重複收拾習慣。

1天五分鐘居家斷捨離⑮

5min.

將一項廚房家電擦拭得閃閃發亮

食物調理機、咖啡機、烤吐司機、切菜機（切片器）……以上這些廚房家電的用法簡單又方便，還兼具設計感，總是讓人想一買再買。

由於廚房家電是一種工具，如果以「用途」來考慮，就會愈買愈多。例如吐司機能將吐司片烤到金黃酥脆；切菜機可以將蔬果切成片狀。像這樣每一種用途都要買一種家電的話，不知不覺就會把櫥櫃和流理台堆積到毫無空間。

那我們該如何篩選家電用品呢？

實現夢想中的「居家咖啡廳」

這是剛開始防疫居家生活時購買的咖啡機。為了彌補我因疫情而泡湯的秘魯之旅，特別選用馬丘比丘產的咖啡豆。

曾經斷捨離，後來二度復活

我曾嘗試過「沒有電鍋的生活」，但到 2018 年又開始使用。防疫時期親自下廚的日子，電鍋每天都發揮它最大的功能。

重視外觀設計的廚房家電

我的烤吐司機與快煮壺，皆是挑選我喜好顏色的迪朗奇（DeLonghi）商品。

即使待洗餐具不多，也會使用洗碗機

我家的洗碗機設備是主打大空間的瑞典製品。請拋開「餐具這麼少也要用嗎」的內疚感。

廚房家電常會出現「跟風爆買」的現象。我曾認識一位女性，她一直無法丟棄為了製作甜點而到處收集來的器具。即使不做甜點已經五年了，現在那些器具仍佔據她一整個櫥櫃。

當自己的熱潮消退，就乾脆地把東西捨棄掉吧。

「萬一又開始熱衷起來呢？」

不用擔心，等到下一次又出現熱潮時，市面上的廚房家電也早已翻新。電器用品進化得很快，不僅功能升級，外觀設計也會改變。

當你熱衷於某件事時，就盡情投入其中吧！不過在熱潮退燒後，請果斷地揮別那些物品。如果之後又開始興起熱潮，那就是接觸新款商品的機會。

5 min.

1天五分鐘居家斷捨離⑯

挑出鍋具中的「斷捨離候選名單」

有在下廚的人，經常會忍不住收集不同用途的鍋子或平底鍋。

所謂的「不同用途」，就是依照適合拿來做什麼、適合多大分量等差別來區分使用的時機。加上還會考慮大中小的尺寸，鍋具的數量自然會逐漸增加。

時常可以聽到「買大不買小」這個說法，但這句話卻不適用於鍋具。

如果是一個人住，小尺寸的鍋子正剛好，並不是越大的鍋子就越好用。

平底鍋亦然。我們購買時不會想太多，一不小心就依照用途收集好幾種款式。

未經深思熟慮，就等於是完全沒有考慮收納空間的問題。在思考時徹底遺漏空間內能收納多少東西、該如何收納的觀點，因此我總是不斷強調「空間、空間、空間」！

我經常看到許多購買大量鍋子和平底鍋，導致收納空間完全不夠用的案例。

越是長年負責家事的人，他們使用的廚具越能代表其用心照顧家人的證據，是他們展示過去榮耀的物品。

每當要斷捨離時，就會覺得「很可惜」、「捨不得」。

請大家把所有鍋子和平底鍋從櫥櫃中拿出來平放，一次俯瞰所有的鍋具。

你也許會發現兩三個不需要的、多餘的、無用的東西。

大家要將思考重點從「用途、分類」，轉換成「便於使用、便於收納」的空間考量。

也能用來煮陶板燒的砂鍋

無水也能加熱、煎烤食物的好用鍋具。砂鍋一定要拿掉包裝盒，準備隨時拿來使用。

5 min.

1天五分鐘居家斷捨離⑰

打電話給專業清潔業者

清理通風扇或冷氣是非常麻煩的工作，我們總是想著「必須要做」，卻又不斷拖延。那些心裡明白這會影響居住環境的乾淨程度或電費支出，卻又遲遲無法行動的人，請你們敞開心胸聽我說。

要做到「一天至少斷捨離五分鐘」，就是打電話給清潔業者。沒錯，請委託專業人士來處理。

請拋掉「任何事都要親力親為」的想法，另外，也捨棄掉「將錢花在自己就能處理的事情上」所帶來的內疚感吧。

除了通風扇和冷氣以外，我也曾經委託清潔公司來打掃整個住家。

「你好，我想委託居家打掃。」

即使一開始會感到內疚，認為這些事「自己就能做」，但看到最後的清潔成果，你一定會覺得「幸好有委託專業人士」。

包括洗水台、廚房、浴室、廁所、木質地板、玻璃窗的清潔。

專業清潔人員都是笑容滿面地俐落工作，打掃到一塵不染。「清潔整棟住家」雖然有一定的費用，但這筆金額的價值端看我們用什麼角度去評價。

不要認為維護通風扇只是一件小事。

不要認為打掃只不過是清潔、擦拭、刷洗而已。

我們的住宅、身心的感受都會由此得到慰藉，換句話說，這是一種治療行為，是尚未罹病前的預防醫療。

如此一想，這筆費用就等於是對自己的健康投資，感覺上一點也不貴。

我們很容易疏於預防或維護環境。這些事所帶來的影響肉眼看不見、也沒有具體形象，很難想像其結果以及成效。

不過，當你看到髒兮兮的通風扇濾網，一想到鼻子吸入的是這種空氣，你肯定會感到頭皮發麻。

5 min.

第 4 章

1天五分鐘

餐具收納櫃の斷捨離

一日三餐就是對自己的犒賞。
使用最棒的餐具來吃飯吧！

餐具收納櫃的「任務」

餐具櫃的功用是呈現繽紛美味的料理。
「讓餐具收納櫃變成美麗的展示櫃吧！」

5 min.

1天五分鐘居家斷捨離⑱

把餐具收納櫃視為「一幅畫」

我時時刻刻都很重視一件事。

無論是餐具還是小東西，我們都不該只是將它們收起來，而是要用展示的方式，也就是在收納時將之視為一種室內裝飾。

因此，篩選物品是最重要的必要條件。只要空間上有餘裕，即使是日常用品也會化身美麗的裝置藝術品。

我很喜歡餐具收納櫃的空間，可以說是我的興趣。

我會退後一步，把餐具收納櫃視為一幅「立體畫」。用一種繪圖的心情，去觀察要如何擺飾餐具。

餐具只要出現小小的更動，就會改變櫃子的整體氛圍。所以我會不厭其煩地重複「改成

由「間隔」營造出的美感

讓手工高級的輪島塗漆器與古伊萬里的大餐盤呈現「賞心悅目的沉靜美感」。

這樣放好了」、「要不要減少一些數量」的動作，然後沉醉在自己精心擺設的餐具空間。這也許可以說是一幅沒有正確解答的畫布。

話雖如此，餐具仍是要拿來使用。跟其他收納概念相同，要考慮「容易取用、容易收納、畫面美觀」的要點。

如果櫃子的最上層是自己搆不到的地方，那就別去使用。平常我們總是絞盡腦汁在思考「要如何善用空間收納」，但斷捨離講究的是「要怎麼減少收納」。

除此之外，也要時時保持「取出食材來料理、裝盤、上菜」這一連串動作的流暢性。

5 min.

1天五分鐘居家斷捨離⑲

挑選出「最著迷的餐具」

我喜歡餐盤。最近常會收集並愛惜地使用距今約一百年前的大正時期餐盤。這些老餐盤以古董的角度來看年代還很新，但散發著一種復古感。

在我其中一個故鄉石川縣，有一間由一對很棒的夫妻所經營的古董店，每次我回老家都會繞去店裡買東西。

日本器皿是一種愈經常使用或刷洗，就會愈發光彩照人的物品。有時我會轉讓給別人，然後再去購買別的商品。每當自己想再購入新餐盤時，就會再轉讓給別人。因為餐具收納櫃的空間有限，我會讓餐具保持一種恰好的代謝循環。

一物多用是日本餐具的魅力。一種器皿就能用於各種用途，實用性很廣。無論是用來盛

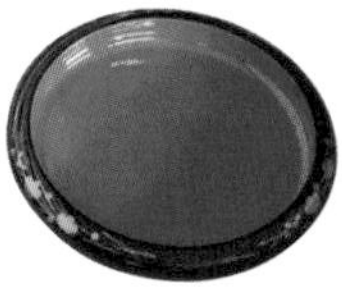

用來盛裝一人份散壽司的輪島塗漆器。

擁有各種圖案的輪島塗餐碗與碗蓋。

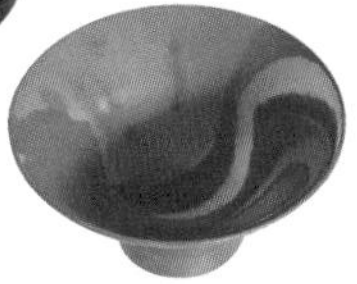

能用於各種用途的輪島塗配菜盤。

裝西餐、日本料理、中華料理、異國風料理，都非常適合。用大尺寸的日本餐盤盛裝義大利麵後拿雙筷子開始享用，感覺上是不是更加美味呢？

除了餐具櫃以外，我認為食器本身也是一種收納空間。

我們會在這個空間內思考著如何盛裝餐點，讓料理看起來更漂亮，換句話說，器皿就是料理的服飾。

我們穿著時髦的衣服會感到快樂，不穿戴時，吊掛起來也很好看。餐具也一樣。我們要挑選既能愉悅使用，又能愉悅欣賞的餐具。

美麗的「漆器」。輪島塗漆器托盤。

化身餐具展示區的和服收納櫃

我活用抽屜的形狀，把和服收納櫃變成餐具器皿的展示區，化為一個欣賞輪島塗漆器的擺飾空間。

輪島塗小菜盤

可以用來放置飾品或當成茶托，一物多用。

餐碗和碗蓋一次擺一個

收納時會秀出餐具上的圖案。吃優格和納豆也是用這個碗。

光亮的黑色漆器碗

這層也是一次只放一個餐碗與碗蓋。將淺抽屜化為器皿的畫布。

輪島塗點心盤

尺寸剛好可以拿來盛裝蛋糕、配菜或沙拉的平盤。

吉祥的「福字」餐盤

能帶來好運的「福字」餐盤。我也會拿來裝堅果。

用來裝散壽司的盤子

拿來盛裝一人份的散壽司，增添愉快的心情。

華麗的金箔托盤

最下層的抽屜直接擺放著輪島塗的長方形托盤。

九谷燒茶杯

讓人愉悅欣賞的繽紛茶杯。有時也會拿來盛裝美食。

1天五分鐘居家斷捨離⑳

5 min.

捨棄贈品或塑膠製品

「我什麼時候買了這個？」、「我怎麼會有這東西？」這類物品常沉睡在餐具收納櫃裡。買東西時附贈的贈品，為了應急買來用的塑膠盤……你們家是不是也有這些東西呢？

有一位年輕男學生，他正打算收集買甜甜圈送的點數來兌換贈品。但是當他學到「斷捨離就是善待自己」、「斷捨離就是逐步接近理想中的自己」的理念後，馬上決定「斬斷這個念頭」。

我想他已能自己判斷那份贈品，究竟能夠提升還是降低他的「帥氣感」。

差點就把自我形象拉低到贈品等級了……

集點兌換商品確實會給人一種撿到便宜的感覺，並因此感到開心。但這行為與商品是兩碼子事，完全是不同檔次的問題。

你必須仔細思考那個商品是否真的符合自己的「需、適、舒」。「帥氣的我」所要使用的東西，必須是經過精挑細選後的精品才行。決不能糊裡糊塗地拿贈品這類東西來犒賞自己。

想想自己到底需不需要那個東西

別為了撿一點點的「便宜」而讓心情起起伏伏，以自我感受為中心來選擇物品會更愉快。

5 min.

1天五分鐘居家斷捨離㉑

把高級杯子拿來「日常使用」

高級杯子代表著「憧憬」，其物品本身就是一種藝術。

不管是別人送的杯子，或是自己購買的杯子，意外有很多人都抱持著「這個杯子很貴，要好好地收起來」的想法。大家別把杯子收在盒子裡，務必要拿出來使用，讓自己更接近「憧憬」的生活。

把它們拿來當自己日常使用的杯子，別定位成客人專用而選擇收起來。

你不需要顧慮別人，高級品就該拿來給自己使用。對待自己要比對任何人都好。

要把杯子收回櫃子時，也別像命令物品歸位一樣硬塞回擁擠的空間，要讓杯子能夠「在櫃子裡好好放鬆休息」。

主動接近「憧憬」的生活

高級杯具不要只是純粹欣賞，要儘量拿來使用。這個九谷燒的無把手茶杯也能拿來喝啤酒。

「斷捨離」就是以自己為尊的生活。要從整頓居住環境、面對家中雜物、篩選重要物品開始著手。

每當有重要朋友來訪，無論是誰一定都希望家裡乾淨又整潔，可以用精美杯盤來盛裝美味茶點招待對方。

斷捨離就是學習對自己提供這樣的服務。

學習由自己來招待自己。

為自己帶來快樂，討自己的歡心。

如此一來，「好心情」的範圍自然會慢慢擴展到家人、朋友、社區。

飯廳收納櫃只擺放「最著迷的物品」

不管是日式餐具、西式餐具、漆器、青花瓷器、大尺寸平盤、茶杯，都能夠融入饒富韻味的和風餐具櫃中。

藍染古伊萬里瓷器

左邊抽屜收納少見的藍色青花瓷器。江戶時期之前稱之為「古伊萬里瓷」。

「漆器」逐漸變成最愛

漆器即使受損也別有韻味，使用時間愈久就愈發光亮。

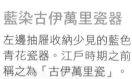

涼爽的「藍色空間」

第一層放置「德國麥森瓷器」，中間是「京燒瓷」，下層則是「古伊萬里瓷」。透過顏色營造統一感。

抽屜裡擺放茶杯

這是我在網路上，一眼就看中的英國復古茶杯。

適合各種用途

日本器皿可以讓每個人快樂地自由使用於各種用途，甚至也能拿來收納飾品。

5 min.

餐具只要準備「家庭人數＋1」的數量

刀子、叉子、湯匙等餐具代表的是「湊數信仰」。

家庭人數有幾個人？家裡常有訪客嗎？比起為了需要性或數量不足的需求，你是否打從一開始就想要湊齊成組的餐具呢？

有一個只有夫妻兩人居住的住家案例，他們依照山下英子流做法來收納餐具，雖說空間有點擁擠，但抽屜也是收得整整齊齊。每一種餐具各有五支，可是他們家平常沒有訪客，只有長大成人的孩子一年會回家一次左右。

我問他們：「為什麼要各放五支餐具呢？」他們回答：「當初買的時候就是五支一組。」

清點家中的餐具吧！

彷彿餐廳裡的餐具收納盒

湯匙五支、叉子五支……整齊裝在餐具籃裡，隨時可以直接拿上桌。

屋主夫婦似乎也隱約覺得這樣有點奇怪。於是我請他們把餐具減少成各三支，騰出更多空間。

重點來了。

夫妻的份、家人的份、親戚的份、大家的份。

我發現大家很容易陷入「湊齊數量」的想法，沒有湊到一定數量就會感到不安，或是對收集的數量感到窒息感。

在斷捨離的領域，你可以選擇湊齊數量，也可以選擇不要這麼做。

有些人適合，有些人不適合。

斷捨離的做法重點即是選擇最適合當下情況，不受任何拘束的處理方式。

5 min.

1天五分鐘居家斷捨離㉓

保存容器刪減到十個以下

保鮮盒可說是保存容器的代表物。過去我曾造訪許多被保鮮盒佔據空間的保鮮盒宮殿。現在就丟、下次再丟、改天再丟。

明明嘴上這麼說，卻又將餐盤內吃到剩一點點的料理裝進保鮮盒，然後拿去冰箱冷藏。那些食物到底什麼時候要吃呢？是冰三天後拿去丟掉，還是打算冰一個星期後再丟？或是冰兩個月，等到都結凍再丟呢？又或者放在冰箱好幾個月，冰到自己都忘記它的存在呢？

其實到了最後，你終究不會再吃那些食物。

無論是打算現在就丟，還是下次再丟、改天再丟，最後一樣都是要丟掉。

雖然要在當下就選擇丟掉是件難事，但這樣的想法也只不過是延後丟棄所帶來的內疚感而已。

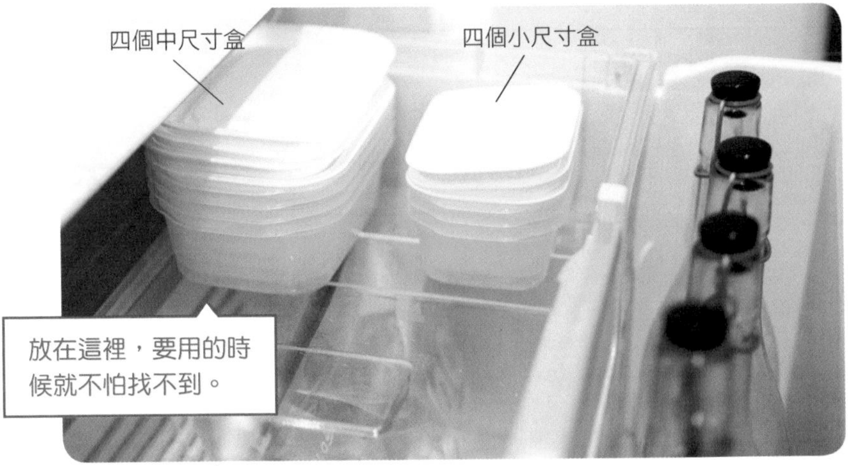
四個中尺寸盒
四個小尺寸盒
放在這裡，要用的時候就不怕找不到。

收在冰箱裡能隨時保持乾淨

平常總會擔心保鮮盒沒有乾透就疊起來，如果像這樣放在冰箱，也是一個預防細菌滋生的小技巧。

不過我也沒資格說別人。在防疫的閉關生活期間，我家的食物保存容器也不斷地增加。

本來我規定自己，空容器的收納區就是冰箱，結果連櫃子裡也堆滿保存容器。儘管心裡總覺得這些是必備用品，但我仍索性全部斷捨離了。因為我現在已不需要關在家裡，想吃什麼馬上就能出去買，或者在店裡享用。

此外，我限制家中的保存容器只能有四個中尺寸盒，以及四個小尺寸盒。不夠的時候就使用保鮮袋代替。

畢竟容器是有形體的物品，要丟掉難免會感到不捨，這點我也一樣。

不過即使會感到心痛，也要咬牙丟掉它們。讓我們一起努力吧！

看不見的收納區、看得見的收納區、展示型收納區

我有一個簡易的參考標準，能在收納物品時找到空間與物品之間的美感平衡。

這個標準就是「七五一法則」。其做法是依據收納的形式，讓物品總量分別只佔整體空間的七成、五成，以及一成。

像是有門板可開闔的壁櫥、衣櫃、抽屜等「看不見的收納區」，儲放雜物的參考標準為整體空間的七成。避免把空間擠到毫無空隙，請讓東西保持「方便拿取、方便收納」。

而像是門板為透明玻璃的餐具收納櫃等「看得見的收納區」，物品只能占整體空間的五成。因為隨時可以看到櫃子內部，更要注意美觀問題。空間

中的「間隔」愈大，愈能襯托出物品之美。

另外就是在無門板的收納櫃與台面上擺放物品的「展示型收納區」，這裡的物品只能占空間的一成。要讓物品本身成為空間裡的主角，精挑細選，宛如萬綠叢中一朵花般地展示它。

這就是「方便拿取、方便收納」的狀態。

促進下廚動力的廚房家電與櫥櫃內的物品

廚房基本上要維持清爽、乾淨。除此之外，還要營造「想站在這裡」、「能愉快下廚」的空間氛圍。

調味料瓶整齊靠牆排列

海苔、砂糖、雞湯塊等，將色彩繽紛的調味料一字排開，空瓶也擺出來。

廚房好幫手的木製砧板

一個動作就能取出輕巧又實用的砧板。

不使用靠近天花板的那一層

有許多收納空間是好事，但手搆不到的地方就不要使用。

收納「我的日常夥伴」的櫃子

愛用的器皿就放在最容易拿取的位置，供日常隨時取用。

調理器具、廚房家電都化身為裝置藝術的空間。

其實還有很多餐具

有十組餐具收納在櫃子中層的右側。餐具最多可供十二組客人來訪時使用。

廚房抽屜裡的模樣

什麼樣的物品，放在哪個位置，有多少數量，該怎麼美觀地擺放——這就是我自己精挑細選過後的抽屜收納模樣。

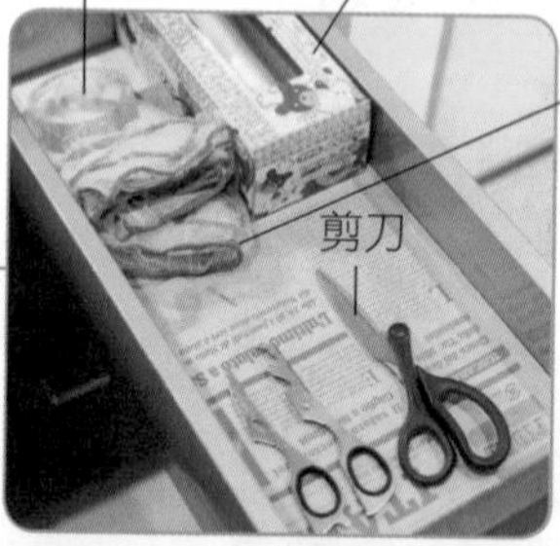

剪刀與塑膠袋

最上層抽屜收納使用頻率最高的剪刀與小垃圾袋

保鮮膜與保鮮夾鏈袋

第二層收納使用頻率相對較高的物品。保鮮袋有兩種尺寸。

流理台用的瀝水濾網袋

正中央的圓形容器內，收納約二十個流理臺三角空間用的瀝水濾網袋

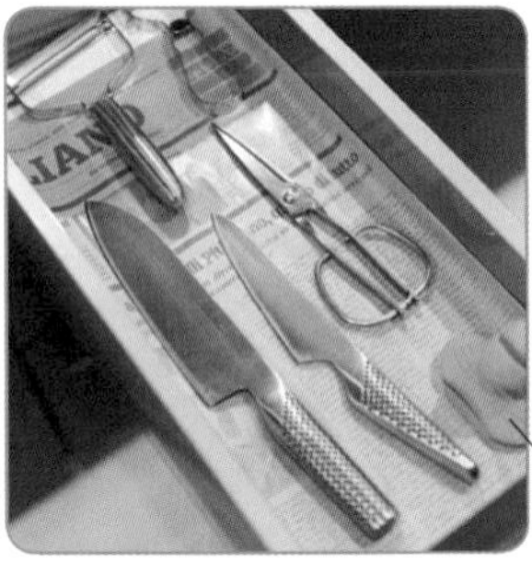

漂亮的小型刀與菜刀

功能出眾的物品總是特別美麗。我使用的是「GLOBAL 牌」的刀具。

開瓶器

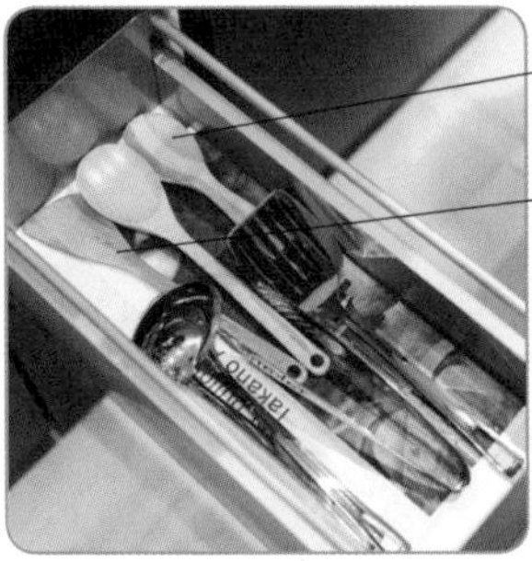

木製沙拉湯匙

木鍋鏟

湯杓與鍋鏟

兩支湯杓，一支鍋鏟。不需要太多調理器具。

清潔用品收在同一個抽屜

除菌噴霧、清潔膏、平板拖用除塵紙等清潔用品。

「Hihome 牌」
固體狀去污清潔膏

方便下廚也方便收拾的廚房

宜得利的隔熱墊

鍋子與調理盆之間要留有間隔

我喜歡以設計感來挑選料理器具。鍋子下墊著「小座墊」。

Vermicular 牌的鍋子

量杯

榨汁器

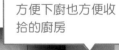

5 min.

第5章

1天五分鐘

冰箱內の斷捨離

你的冰箱門一開是爆炸的嗎？
讓我們一起看看！

冰箱的「任務」

冰箱是食材的休息室。
隨時準備登台的準備室。
這裡只是暫時收納食材的地方，並不是倉庫。

5 min.

1天五分鐘居家斷捨離㉔

檢查「保存期限」

那些超過保鮮期限、保存期限的東西通通丟掉，就只需要這麼做。但比這個更重要的是，你的冰箱裡到底有多少東西是「自己想吃的食物？」

> 想吃的食品VS不想吃的食品、不能吃的食品

這兩者的比例是多少？你是否有發現，當冰箱的食物愈塞愈多，自己想吃的食物卻反而愈來愈少。

看到冰箱擠到無法動彈的食品，彷彿被人催促著「趕快吃掉！」一樣，結果變成要強迫自己吃不想吃的食物。

將冰箱整個打開，取出裡面所有的東西，擺到平面上從上方俯視。

在想吃東西的時候，吃自己想吃的東西，盡情大快朵頤。這是既美味又愉悅地享用食物的基本常識。但是，這麼簡單的一件事，執行起來卻是如此困難，最終淪為在不想飲食的時候，得強迫自己吃當下不想碰的東西。

不過實際情況比這個更嚴重。有一些人根本不曉得自己想吃什麼，也不知道自己當下到底想不想進食，這表示他們欠缺空腹感以及飽足感。

結果每天都在用餐後感到後悔，怕「肥胖」、怕「對身體不健康」，對進食逐漸感到罪惡感。

食欲是讓用餐過程變得既美味又愉快的基本要素。沒錯，生活想要保持心情愉快，食欲是非常重要的一點。

我們需要幫冰箱做斷捨離，便是要找回、喚起這樣的感覺。

現在就打開冰箱，對不想吃的那些食物說聲抱歉，然後和它們道別吧。

將透明保鮮盒收在冰箱裡，控制總數量

氣泡水

香檬果汁

印加果油

冰箱打開後一片明亮

你家的冰箱是否因為塞太多東西導致光線昏暗呢？絕對不能將食材重疊亂塞，提醒自己別把東西亂擠一通。

鹽辛（海鮮漬物）

味噌

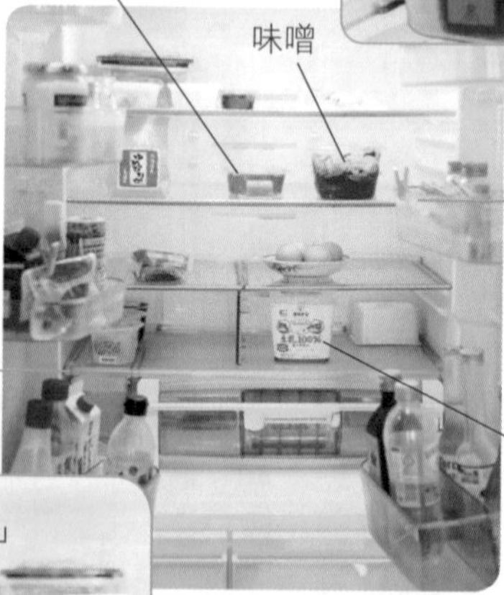

高梨乳業「100% 生乳優格」

左右門板內側的調味料層架

我的調味料通通統一收在能控管溫度與濕度的冰箱裡。

北海道產的堀內八郎兵衛「麵醬」

「私市美乃滋」

Bureau Veritas 的「有機藍莓」

Kewpie 牌「美乃滋」

北海道的「根昆布醬油」

冰箱裡也要遵守「方便拿取、方便收納、舒適美觀」的基本原則。你能一眼就找到東西在哪裡嗎？用簡單的一個動作就能夠拿取與收納嗎？如果你的答案是否定的，那就是東西數量太多了，請努力地減少再減少吧。

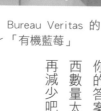

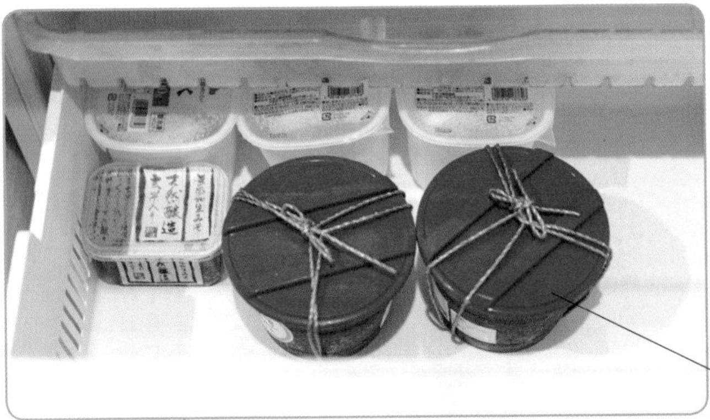

味噌放在冷凍庫保存

朋友送的味噌與市面販售的碎冰塊一起放在冷凍庫。我沒有使用需要日常維護的製冰機。

秋田產的「天狗味噌」

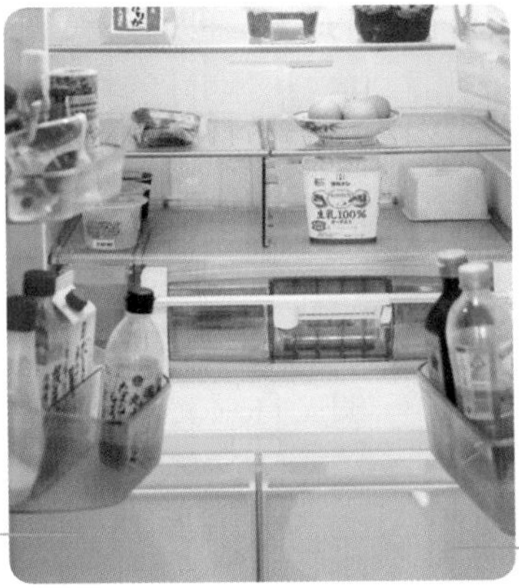

不會讓人迷失方向的冰箱

保存容器也收在冷藏區

放在冷藏區是為了控制總量以及防止細菌滋生。有五個正在使用中，空的保存容器分別是中與小尺寸各四個。

加入芽孢桿菌（Bacillus F）製成的果汁

5min.

1天五分鐘居家斷捨離㉕

把食材裝到「透明保鮮袋」裡面

冰箱的基本原則是「方便拿取、方便收納」。

如雞蛋架等原本就裝在內部的收納盒架，沒有人曾質疑過它們的存在，換句話說，這是一種標準配備。你覺得方便的話就使用它，不方便就不要使用，一切皆看個人習慣。

現在就來客製化專屬於你的做法吧。

我經常看到的NG住家案例，會把食材連同超市塑膠袋一起冰進冰箱。冰箱裡塞了不止五個、十個塑膠袋，這樣子根本看不出來袋子裡面裝什麼，最後連自己也忘記它的存在。

我們可以將食材移到夾鏈袋之類的「透明袋子」，以方便看到內容物的狀態保存。而且密封袋也有延長保鮮的效果。冰箱必須維持每次打開門，都能一眼看出裡面保存哪些食材的

使用突顯存在感的強力夾子

大尺寸的夾子最適合突顯「這個只吃了一半！」的訊息。目前我的冰箱門上有八個待命中的夾子。

狀態。

另外，遇到多重包裝的食材或調味料，若不會影響保存問題，就要拿掉外部包裝袋或盒子。如此一來，當你打開冰箱，只要一個步驟就能拿到目標物。一個動作就能拿到東西，這就是斷捨離收納的基本法則。

不只是冰箱，拿取餐具或廚具也要在一個動作內完成，儘可能減少步驟，這就是讓下廚時光變得愉快方便的祕訣。

我還會把飲料及調味料的包裝拆掉。因為商品外包裝的顏色太雜亂，會打亂空間的均衡感。

你怕這麼做就看不出內容物是什麼嗎？其實只要看瓶子就知道了。還有另一個重點，就是不要放置多到你認不出那是什麼東西的數量。

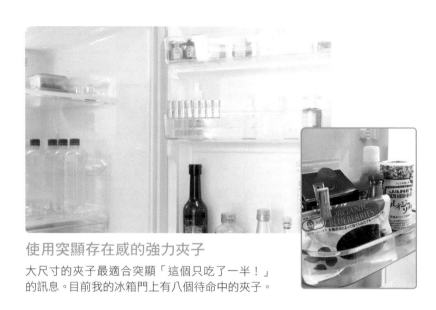

5 min.

1天五分鐘居家斷捨離㉖

斷捨離冰箱內最上層的東西

我在部落格記錄了從２０２０年4月8日到5月6日這段期間的「無聊守城日記」。剛搬到新公寓時，恰好碰到政府因應新型冠狀病毒發布「緊急事態宣言」，從此開始閉關在家的生活。管理公寓配備的大型冰箱內容物成為我的每日例行公事。

在那之前，住家附近的超市就是我的冰箱。我平常有許多聚餐邀約，家裡的冰箱通常都是空空如也。不過遇到閉門不出的時候，情況完全相反。廚房冰箱變成我的專屬超市。我絕對不願意白白浪費食物，但是若買太多導致吃不完該怎麼辦呢？我每天都在這種想法的搖擺下面對冰箱的問題。即使如此，我也勉強成功撐過了二十八天。

在這段期間，我一次也沒有出門採買，全部用儲備糧食想辦法做出創意料理。過著以發

雞蛋滿滿地裝在容器裡

右邊冰箱門上的蛋架被我拿來當調味料架，雞蛋則是用盤子裝著，不但容易拿取，也方便移動。

酵食品為主的健康生活。

這段時間我也遇過泡菜、納豆、蔬菜等等食材逐漸見底的時候，但是沒有想到，食材卻自己跑來我家了，這都是多虧了我的朋友以及網路的幫助。

而現在，飲食生活再度出現轉變，我的冰箱又回到幾近空蕩蕩的狀態。

你家冰箱是什麼樣子呢？其實食材隨時都能出門購買，不需要在家裡囤積過多食物。

現在就先從冰箱的最上層開始檢查吧。

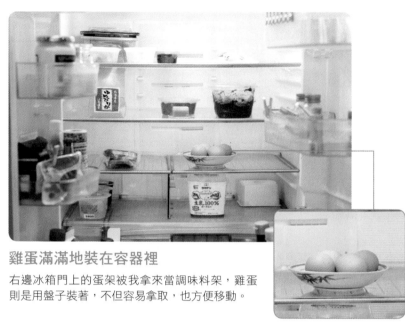

5 min.

1天五分鐘居家斷捨離㉗

各種調味料的擺放位置要有間隔

你的冰箱是不是一台「客滿電車」呢？

食材、食品、調味料擠到毫無間隙，不知道裡面有哪些東西，有多少分量。一眼望去只能看到外圍的東西，無法伸手到冰箱深處。即便想要取出物品，也彷彿隨時會發生土石流的狀態……。

處於這樣的情況，冰箱就無法達成提供保存美味食材的「任務」。

想要看起來乾淨整潔，要很重視物與物的距離，絕對不能破壞空間裡的「間隔」。沒有「間隔」就會造成「一團混亂」。會「一團混亂」就表示物與物之間沒有建立起相對應的關係。當東西擁擠地塞成一團，物品便會失去各自的連結，如同身處客滿電車，過多的人擠在同一空間，根本無法建立良好的人際關係。

收納空間的重點是「獨立、自由、自在」。冰箱裡的食材各自獨立，不會妨礙我們自由取用，繼而自由自在地化身多變料理。

以調味料為例，如果它們彼此之間有「間隔」，各自擁有獨立空間，我們就能「方便拿取、方便歸位」，由此建立起作業的流程。

要讓調味料擁有獨立空間，我們必須先斷捨離。精選出少數調味料，用展示藝術品的心情來陳列。

蛋架其實非常適合拿來當成小瓶罐展示區

保存食品也要注重美觀

把食品從看不見內容物的袋子改放到透明袋，或是拿掉原本的外包裝，改裝到可愛的小瓶子裡。重新分裝後不僅更方便使用，也更美觀。

5 min.

1天五分鐘居家斷捨離㉘

擦亮冰箱外表

我觀察過許多住家的廚房，除了過多雜物以外，我還注意到「髒污」問題。這些廚房通常都有許多已經很髒但仍繼續使用的物品。

流理台、水槽、瓦斯爐、電器、湯鍋、平底鍋、砧板，還有冰箱。我看到這些常用品沾滿髒污，實在覺得很遺憾。

廚房是每次使用都會沾染髒污的場所。如果廚房內有過多的雜物，我們便無法發現、無法看見那些污垢。

所以在斷捨離這些髒污之前，要先斷捨離雜物。若把物品精簡到最低數量，想必就會激起整理的幹勁了。

做家事講求「馬上清理」，以及「順手」擦拭。

從冰箱拿出物品並準備放回去之前，先快速地擦拭放置處周圍，以及取用的調味料瓶身，接著再順手擦一下開關後的冰箱門。

要放進嘴巴裡的食物所在的儲存地方，應該隨時保持乾淨清潔。

把這個當成「一天五分鐘居家斷捨離」任務，帶著感謝冰箱每天為我們守護食安的心情，把冰箱外表刷洗乾淨吧。

若還有餘力，你可以繼續執行「冰箱內部清洗任務」。拆掉所有層架，用水清洗冰箱內部，等刷洗到光鮮亮麗後再擦乾，接著用毛巾進行最後擦拭。冰箱門的膠條溝槽也要擦乾淨。

雖然這麼做很耗時，但可以當成良好的運動習慣，還能使冰箱煥然一新。

不要黏許多磁鐵

你家的冰箱是否變成「全家人的留言板」呢？有沒有磁鐵的存在會大幅改變屋內的氣氛。

5 min.

1天五分鐘居家斷捨離㉙

斷捨離冰箱裡的「遺忘物品」

打開你的冰箱，丟掉所有過期食品吧。

說到我的「冷凍庫斷捨離」經歷，我就會想起某一年的冷凍番茄。

有一年夏天，我用熱水剝掉吃剩的番茄外皮後放進冷凍庫保存。我原本打算用這些番茄來做義大利麵醬汁，結果一直沒有機會做。經過半年後，番茄早就結霜了。

特地燒熱水處理外皮，拿去冷凍，結果全部放到結霜，最後通通丟掉。

特地花費功夫、時間、體力去做多餘的事，最後通通丟掉。

我們經常會做出這種事。尤其是面對食物，我們總是捨不得在當下丟棄。

因為吃不完而剩餘，因為用不完而過剩。

我們能否用果斷的心態去接受這些物品剩餘、過剩的事實，就是決定勝負的關鍵。

下意識就把剩餘的食物裝進保鮮盒，下意識暫且留著，下意識覺得自己沒有胡亂浪費食物，默默感到安心。

然後下意識認為自己已經成為一個聰明的家庭主婦。

其實這只是一廂情願的想法而已。因為那些東西終究不會再經過處理，就這樣子被你遺忘。在那個當下，你只是受到不常下廚的內疚感影響，假裝自己是個聰明節省的家庭主婦，借此欺騙自己。

話雖如此，你也不需要自我責備。那些冷凍番茄雖然可惜，至少最後也順利進到垃圾袋裡了，就當作是自己往前邁進了一步吧。

5 min.

第 6 章

1 天五分鐘

廁所洗手台の斷捨離

早晨站在晶亮的鏡子前整理儀容，目標成為「今天理想中的自己」。

洗手台的「任務」

洗手台是整理儀容的場所。
是每天打理與保養自己的地方。

5 min.

1天五分鐘居家斷捨離㉚

清空洗手台上的物品

洗手、洗臉、刷牙、整理儀容……洗手台是我們保養自己的重要區域。但是我們早上總是手忙腳亂，到了晚上又疲憊不堪，不知不覺間，洗面乳、護膚產品、化妝用具全都散亂在洗手台上。光是要處理掉落的頭髮就已經筋疲力盡了。

一直想斷捨離卻老是無法成功，一想到雜亂的洗手台就感到心情沈重，無法安心……我也曾有過這種時期。

直到要拍攝本書用的照片時，我終於空出能夠動手斷捨離的時間。我一邊拍照一邊斷捨離，一邊斷捨離一邊拍照，多虧這個機會，現在洗手台總算清爽多了。

洗手台只放置最低限度的物品——洗手乳和牙刷牙膏。

用一瓶清潔劑就能清洗整個家

浴缸、洗臉台、廚房水槽都通用的清潔劑「Mrs. Meyers」。

每次用完就放回原位

早晨匆匆忙忙，時常用完東西就無意間隨手放在洗手台上，等到回過神才發現，台面上到處都是瓶瓶罐罐。請記得提醒自己「用完就歸位」。

「山狀」牙刷去污力十足

這是刷毛剪裁成高山形狀的牙刷。當刷毛變塌後可以拿來刷洗手台，清潔的效果也很好。

我拿紙巾把瓶瓶罐罐擦拭乾淨，再放回收納櫃裡。沒有放東西的地方也用紙巾徹底擦乾淨。

「這個還要用」、「這個丟掉」、「這個呢？」……

如果有兩個重複的東西就丟掉其中一個。

我還在裡面發現一直依依不捨地留在手邊的物品。雖然別人送的東西總是難以放手，但現在就趁機一鼓作氣地捨棄吧。

我就這樣與洗臉台戰鬥了三十分鐘。看到逐漸找回來的空間，內心覺得十分舒爽。

斷捨離需要用心動腦思考。

而且還能活動身體，整理到渾然忘我之後默默就肚子餓了。

來，你也跟我一起斷捨離吧！

5 min.

1天五分鐘居家斷捨離㉛

徹底擦拭洗手台的鏡子與水龍頭

看著擦到閃閃發亮的鏡子與水龍頭是一件非常舒服的事。

針對物品進行篩選取捨的作業沒有終點，而「清潔、擦拭、刷洗」的「刷洗」動作也是永無止盡。不過看到空間漸漸變得晶亮會為我們帶來愉悅的心情，並因此得到激勵，繼續更加努力地「刷洗」。

我本身並不是喜歡打掃的人，我是在學習斷捨離的過程，慢慢愛上打掃。可能是因為親手仔細刷洗過，所以才會更加愛惜吧。當我勤於整理住家，我就愈來愈喜歡自己的家。

這個道理不只適用於物品或空間，也適用於我們自身。

如果我們勤於自我保養，也會愈來愈喜歡自己。

除此之外，擦亮物品的動作本身會帶來喜悅感，也就是心靈上的滿足，可以說是一種專心思考「此時、此地、自我」的冥想時間。

現在就先從一個多餘的雜物開始斷捨離，試著投入「刷洗」的世界吧。

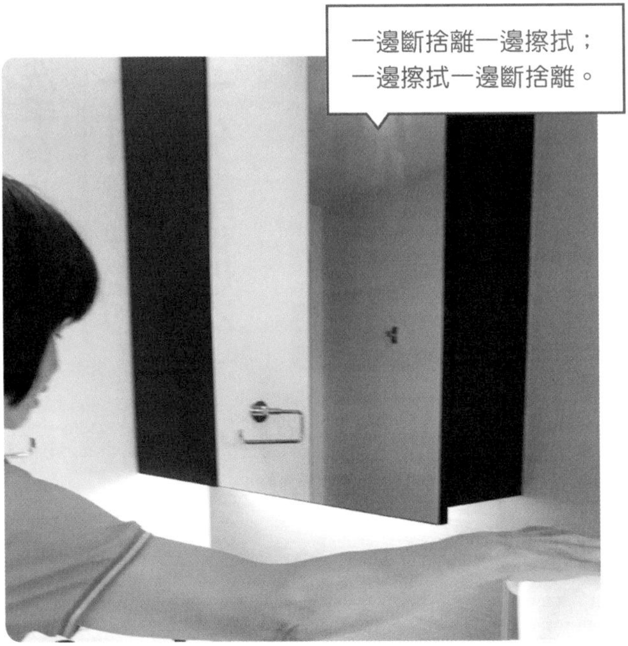

別忘記清理盒子與瓶罐

裝小物品的盒子或瓶瓶罐罐也都會弄髒。每次使用完都要快速地「順手擦拭」。

瞬間清潔玻璃的髒污

鏡子與玻璃上面的皮脂油垢或水漬總是很難清理。使用「玻璃用濕巾」擦拭，一下子就能乾淨溜溜，乾燥後也能防止起霧。

洗手台收納法

一目瞭然的「分散擺法」

拿掉雜亂的外包裝

若保留所有物品的外包裝，就會搞得像藥妝店陳列架一樣。先從拿掉外包裝開始做起吧！

護髮品、護膚品、化妝品……整理儀容的物品們在洗臉台上組成一隊雜物軍團。我經常使用透明盒，避免出現「咦，那個東西放去哪裡？」的情況。當然，重點仍是要「分散擺放」，不要全部擠在一起。

目標讓空間成為無論櫃子是開是關，都是一處令人陶醉的場所。

手搆不到的最上層

少有出場機會的東西都沉睡在盒子裡。換句話說，這些是下一批斷捨離的候補名單。

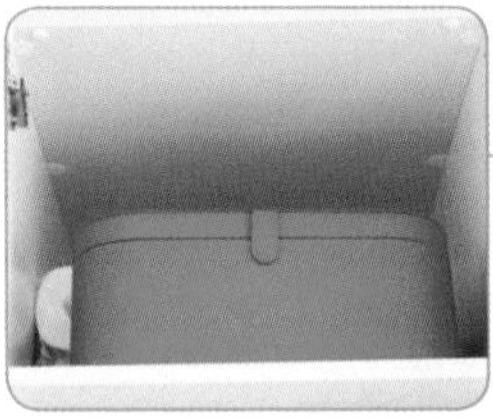

隨時能出發的旅行包

我經常需要往來各地，行李的輕便性很關鍵。若不需要兩個旅行包，就斷捨離其中一個。

如野餐一般攤放物品

底部鋪著午餐墊，將小物品分別擺在上面。由於是一層平面，既容易查看又方便拿取！

靜靜等待出場的吹風機

戴森牌的吹風機如同國王般君臨在正中央位置。深處則是化妝品與護膚產品的備用品。

備品要拿掉外包裝

收納廁所衛生紙時要拿掉外包裝。做好「最初的第一步驟」有助於後續行動更加流暢。

最下層是清掃用具備品區

各種紙巾、漂白劑等等清掃用具的備品區。我不使用需要事後清理的鬃刷或海綿類產品。

5min.

1天五分鐘居家斷捨離㉜

擦拭洗手台上的水漬

盥洗區要隨時保持潔淨。

洗手台是日常生活的排水區域，是負責排出廢棄物的地方。生活必定需要「丟棄」、「排出」。

我們的生活空間維持著「有出有入」。

我們的身體與心靈也是不斷重複「有出有入」。

因此，洗手台的排水孔萬一堵塞可就糟糕了。滑膩的水垢不但會影響排水，更容易堆積污垢，嚴重影響外觀。

平常每一次使用後，就要提醒自己動手清潔，避免排水孔堵塞、累積滑膩的水垢。

話說回來，每次使用洗臉台都會掉落許多頭髮，實在很困擾。

我會在手邊放置手持式吸塵器，隨時吸掉地板上的頭髮。掉在洗臉盆裡面的頭髮則是用紙巾擦起來。

不過盥洗區、洗臉台的整理並非到此就結束了。最後的最後，要把水漬都擦拭乾淨才算是完成任務。每天都要感受一下這種「收拾乾淨」所帶來的舒適感。

收拾乾淨的洗臉台

有水流動的地方很容易堆積滑膩水垢。勤勞擦拭水漬就能避免產生水垢。

所有東西都「有始有終」迎接舒適的每一天

將使用頻率高的紙巾和剪刀，隨時都要放在最容易伸手拿取的上層抽屜裡。垃圾桶放在旁邊。整理自身儀容的同時，也要注意空間的清潔維護。

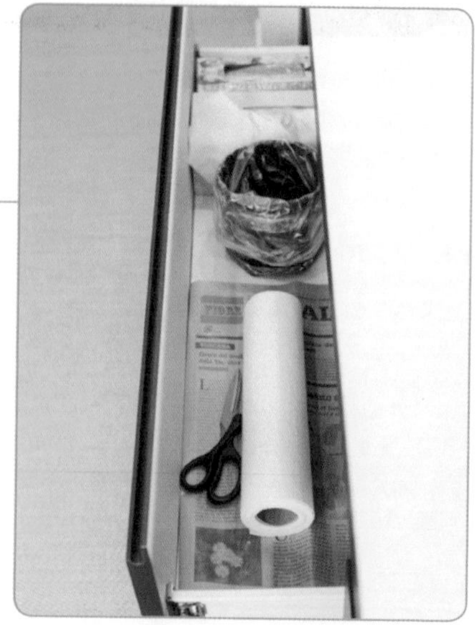

垃圾桶收在抽屜裡

用小型盆栽套作為垃圾桶。把垃圾桶收在抽屜裡就是「山下英子流」的做法。

統一瓶罐高度的小巧思

按照高度排列的瓶罐或小物品，可以營造空間的統一感。

Lekarka 的護膚產品組

這個是琉球玻璃

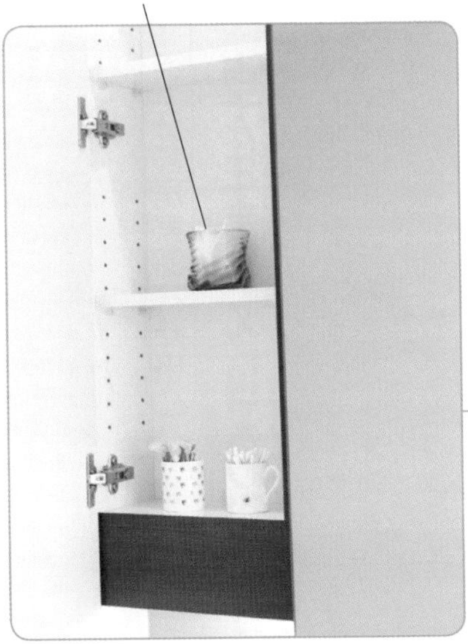

閃亮夢幻的琉球玻璃

我的化妝小物都裝在這個琉球玻璃杯裡，美麗的外觀令人「想要好好保持乾淨」。

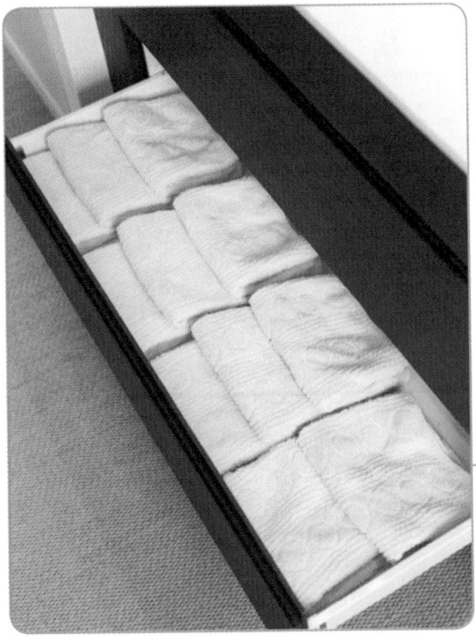

備品擦臉巾 11 條

抽屜最下層收納 11 條同品牌同尺寸的擦臉巾。全部都是用來給予自己最好的享受。

5min.

1天五分鐘居家斷捨離㉝

丟掉堆積成山的試用包

當你拉出洗臉台櫃子的抽屜，卻跑出許多不知道何時收到的試用包。有些是買化妝品送的贈品，有的是順手塞進來的試用品。

讓我們再重溫一次「斷捨離的基礎」。斷捨離的「斷」，就是「斷絕」不斷入侵的雜物。雖然東西不會自己長腳跑來家裡面，不過最近網購經常出現附贈的試用包，有時會出現難以「斷絕」的情況。

既然如此，那就「捨」吧！可惜大部分的人都不會這麼做，反而會想著「總之先留著」，導致抽屜裡面充斥著各種暫時保留的東西。

「總之先留著」這個想法不具備任何打算或主張，代表當事人的思考、知覺、感性陷入麻木狀態。

試用包能夠訓練自己學習斷捨離的「斷」。

繼續抱持這種「總之先這樣」的想法，將導致身邊漸漸都是「總之先這樣」的情況，也就是妥協接受的人（人際關係）、事、物。換句話說，就是過著妥協的人生。

這樣說有點太誇張嗎？

不，沒有這回事喔。

斷捨離即是從日常生活的小事，訓練自身的思考、知覺、感性。

如此一來，當你面對重要的人事物時，才能做出適當的選擇與決斷，這兩者之間互有關聯。

5 min.

換掉鬆垮的浴巾

毛巾最注重觸感。畢竟是每天使用的物品，我建議大家挑選蓬鬆柔軟的高品質毛巾。

很多人會將「平常自用」與「客人專用」的東西分開。平常自用的毛巾粗糙僵硬，邊緣破舊脫線，而「客人專用」的毛巾則是收起來從不使用。

對待自己也要像款待客人一樣。給自己使用「好東西」，否則會養成「自己比客人卑微」的個人形象。

基本上我不使用浴巾，因為我從以前就沒有使用浴巾的習慣。

現在大家去泡溫泉，也是用一條擦臉巾清洗身體，擰乾後再拿來擦乾身上的水滴。我平常就是採用這種做法。

我洗完澡後會使用兩條擦臉巾。一條用來擦拭身體，另一條用來包裹頭髮。我的洗臉台抽屜裡有11條同款式的毛巾，這些全都經過我精挑細選，而不是平常收到的贈品毛巾。

雖然約半年更換一次比較好，但我現在大致上是以一年為循環，在年底一次全部換新。

兩條輪流使用的浴室地墊

雖然我已經捨棄大部分的腳踏墊，但依舊留著浴室用的地墊。一條鋪在地上，一條收在洗臉台下。

5 min.

1天五分鐘居家斷捨離㉟

換掉鬆垮的洗臉毛巾

很多人家裡的洗臉毛巾堆積如山，不僅五顏六色又有各種材質。

我們每天都會使用好幾條毛巾，所以總會認為「毛巾永遠不嫌多」，不斷地增加數量。不僅如此，儲藏櫃中還有其他未開封的贈品毛巾。

其實會認為「永遠不嫌多」的人，就是「數量太少會感到不安」的類型，因此才會持有超過使用需求的毛巾數量。

數量太少真的會造成困擾嗎？你家中有多少人？常有訪客來嗎？過去曾遇到毛巾不夠用而感到困擾的情形嗎？

雖然俗話說「有備無患」，但實際上是「過猶不及」。只要習慣每天清洗，便不需要保留那麼多數量。

此外，有些人家中累積很多贈品毛巾或溫泉專用毛巾。這些既不是特別喜歡，卻又捨不得丟掉的毛巾就拿來打掃吧。把它們裁剪成抹布，將家裡擦拭得一塵不染，這樣它們就「完成任務」了。

清點你的浴巾與洗臉巾數量！

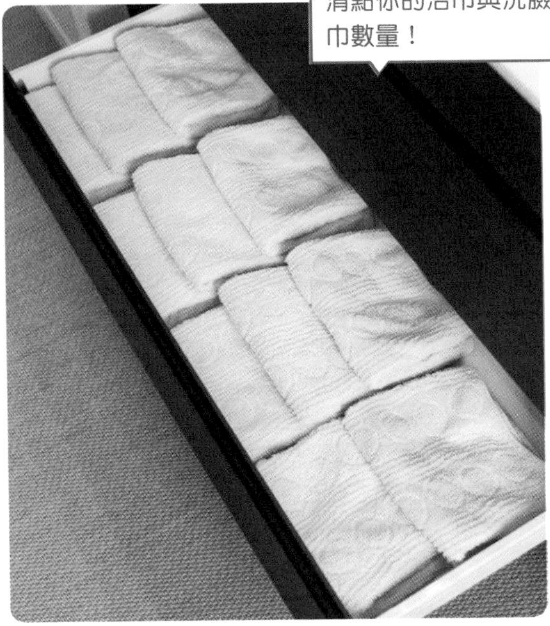

數量過多也會造成困擾

由於收納有空間限制，因此家中的毛巾數量要考慮家庭人數，以及每人一天會使用的數量。

5 min.

第7章

1天五分鐘

浴室の斷捨離

「今天也辛苦了！」
在乾淨的浴室裡享受最頂級的
放鬆時光。

浴室的「任務」

浴室是療癒身心的場所。
不能藏污納垢、不能阻塞不通，
應該是整潔乾淨的排出口。

5 min.

1天五分鐘居家斷捨離㊱

清潔洗髮精瓶罐上的滑膩水垢

這是我的「澡堂入浴組」！

來自以色列的品牌「SABON」的系列商品，由死海裡萃取出的礦物質成分製作而成。

你家陳列在浴室裡的洗髮精、沐浴乳等瓶瓶罐罐是不是都有滑膩水垢呢？浴室用的矮腳椅和洗臉盆是否也一樣呢？

浴室裡濕度很高，容易留下肥皂垢和水垢。擺放的東西越多，打掃起來就越費勁。除此之外，你或許也不常使用浴缸蓋板，一直都是立起來的狀態……

甚至連清掃浴室的用品也另外擄地為王，還得多花功夫清潔這些物品。

我自己是採取「澡堂方式」入浴。

要洗澡時，就從外面攜帶必要用品進浴室。浴室裡除了我愛用的石炭肥皂以外，沒有任何其他物品。

加入能促進經皮膚吸收鎂的浴鹽，幫助全身充滿溫暖熱氣。

石炭肥皂是浴室裡唯一放置的物品

沒有任何雜物的浴室裡，只有放在古伊萬里小盤子上的愛用石炭皂。

我的「澡堂用品組」只有洗髮精和沐浴乳。不過，我本身是不使用肥皂的，不沖洗身體直接泡澡派，甚至連簡便的「澡堂用品組」也不需要。

我不在浴室擺放瓶罐類的原因，其實也是為了維持內容物的品質。

由於含有天然成分的洗髮精和沐浴乳沒有添加任何防腐劑，品質容易受到環境影響。歡迎你也用自己獨創的方法來享受入浴時光。

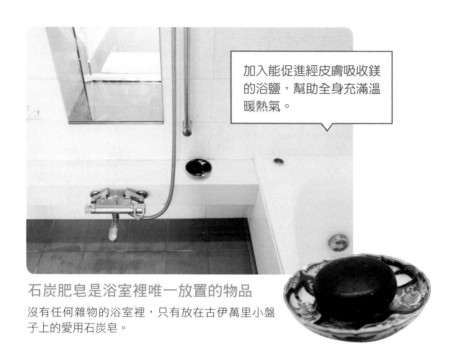

1天五分鐘居家斷捨離37

5 min.

將浴室的鏡子及拉門擦到閃閃發光

浴室裡沒有雜物，清洗保養更是輕輕鬆鬆。

離開浴室前，順手將地板沖洗一遍，避免留下肥皂泡沫。

排掉浴缸的熱水，清理殘留的髮絲，也別忘了打開排水孔的蓋子幫助乾燥。我們容易忘記清理看不見的地方，所以要像這樣提醒自己。

用強韌的紙巾擦拭排水孔四周。若發現在意的髒污，就拿廚房的舊海綿刷乾淨。

保持浴室門敞開，儘快讓水氣蒸發、保持乾燥是一個重要步驟，因為浴室很快就會成為水垢與黴菌的溫床。

我大多是使用浴室的暖風乾燥機晾曬衣物，能夠同時烘乾浴室與衣服。

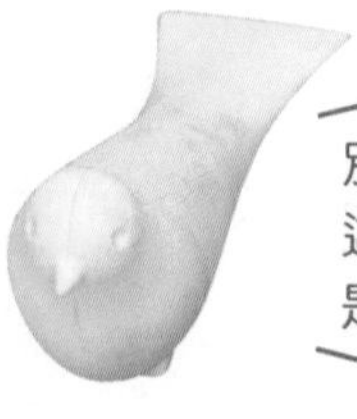

別看我的外表這樣，其實我是門擋喔！

我不使用浴室小椅子和洗臉盆

浴室裡東西越多，需要清潔的「面」也會變多，進而增加清理上的麻煩。

唯有浴室的鏡子實在令我束手無策。就算勤勞擦拭，乾燥後也會留下水漬，還會漸漸在意鏡子的起霧問題。

這時就委託專業人士來處理吧。沒錯，在「清潔、擦拭、刷洗」中的「刷洗」步驟，很多時候需要借助專家的幫忙。

他們有許多最新技術和清潔用品，東西經過他們刷洗後的「持久度」也完全無法相比。

揮別滑膩水垢！
用力「擦拭」當作全身運動！

大家知道打掃浴室的動作，其實有很好的運動效果嗎？只要稍微鬆懈，浴室就會出現滑膩的水垢。「不滑膩、不造成滑膩、沒有機會產生滑膩」——提倡這「三不滑膩原則」的我，每天都會這樣清潔浴室。

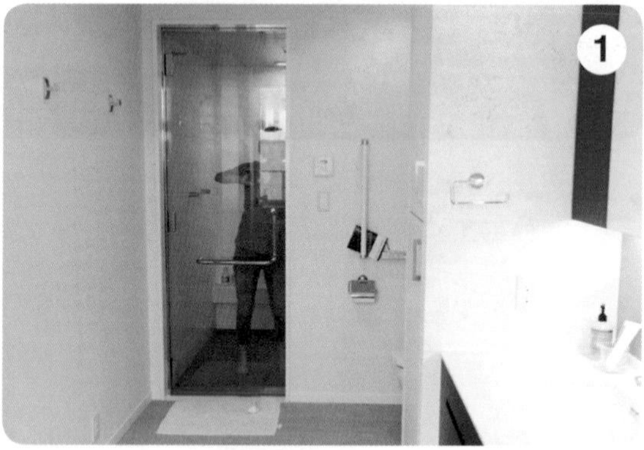

擦拭整間浴室

先沖洗整間浴室，洗掉會造成污垢及滑膩水垢的殘餘肥皂泡沫並撿起掉髮。

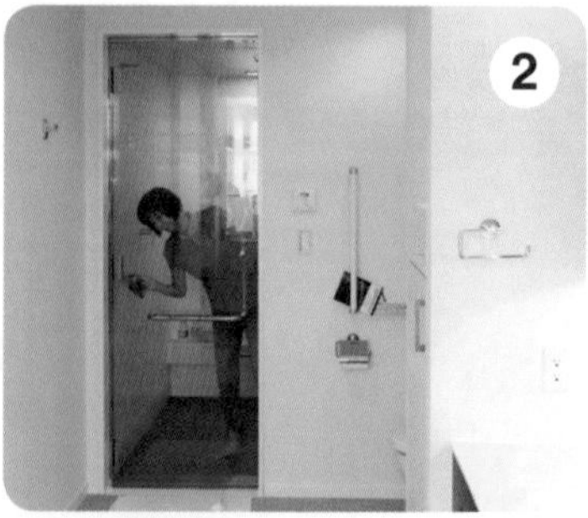

擦拭細部

玻璃門容易出現礙眼的水垢，此時就是廚房舊海綿發揮功用的時候了。

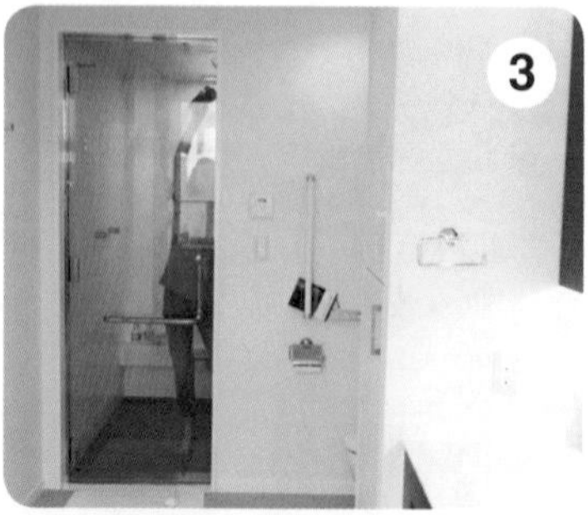

伸長雙手擦拭

由於污垢通常會向下流動，上方相對比較乾淨。重點性清理在意的髒污即可。

再擦拭一次細部

牆壁角落或磁磚隙縫比較不好清理，可以派出牙刷幫忙。

蹲下來擦拭

從浴室地板清洗到排水孔。埋頭專心打掃，避免產生滑膩的水垢。

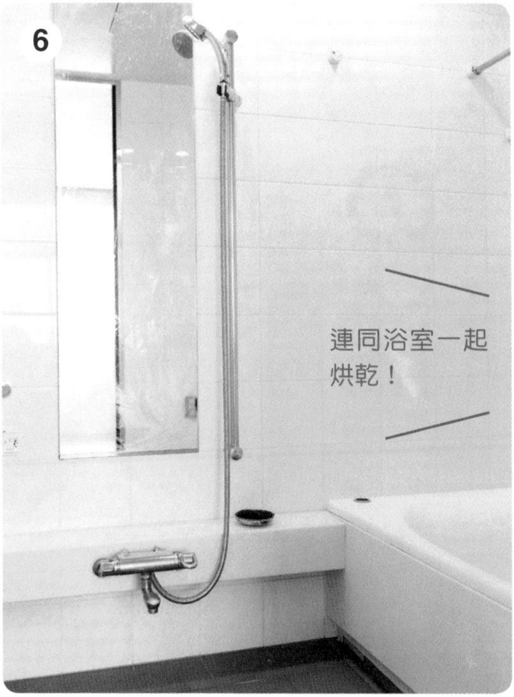

完成！

用毛巾擦乾水氣，啟動浴室烘乾機。

5 min.

第 8 章

1 天五分鐘

廁所の斷捨離

廁所既是療癒身心的地方，也是善待自己的場所。可愛的飾品以及舒服的香氛都是必需品。

廁所的「任務」

廁所是提供身體排泄的地方。
是促進新陳代謝的簡潔出口。

5 min.

1天五分鐘居家斷捨離㊳

斷捨離廁所的拖鞋與腳踏墊

一如我家門口沒有室內拖鞋，我的廁所裡也沒有擺放拖鞋。

我總是希望大家能夠拋開房間等於潔淨，而廁所等於骯髒的心理障礙，彷彿廁所有一道看不見的阻礙。

如果廁所打掃得很乾淨，就算赤腳進出也沒關係。你反而應該懷疑廁所拖鞋是否乾淨。即便現在廁所的設備已經發展得很先進，大家對排泄與廁所空間的認知似乎仍有待加強。

我想起自己以前去美國西雅圖的超市時發現的事。

為了體貼心理與生理上的性別認知並不一致的人，他們的廁所完全廢除男女區別，連我們習慣的廁所標誌也改成男女各占一半的圖案。

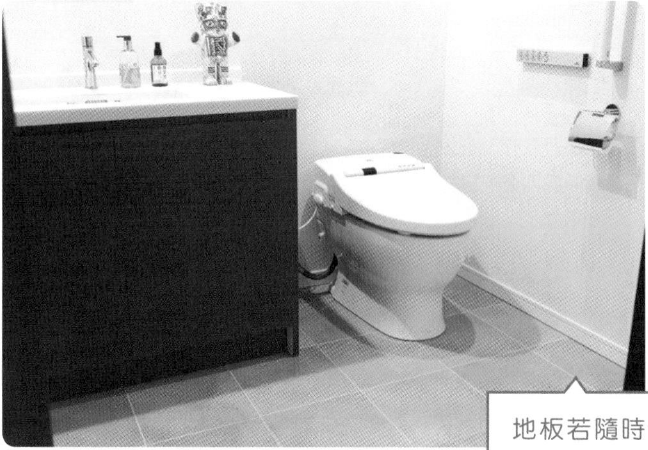

地板若隨時保持乾淨，
就不需要使用廁所拖鞋。

廁所拖鞋本身是乾淨的嗎？

廁所拖鞋和馬桶坐墊套其實是既容易弄髒，把清理這兩項東西的麻煩性，與打掃地板的動作拿來相互比較的話——確實是不方便清潔的物品。

這對我來說也需要時間做好心理準備，那就像是在不知情的情況下，誤入混浴時受到的衝擊感。也許，我也還沒有徹底克服自己心中的障礙。

另外，鋪在廁所地板的腳踏墊和馬桶上的坐墊套，也是妨礙廁所維持乾淨的存在。這些東西只要曾使用過就會弄髒，累積污垢、變成孳生細菌的溫床，但是又難以隨時保持潔淨。

以前到了冬天，廁所的馬桶總是冷冰冰的，但現在已經有先進的溫水免治馬桶。如果你只是出於惰性才持續使用馬桶坐墊套，那就直接揮別它吧。

5 min.

1天五分鐘居家斷捨離 39

擦拭廁所的地板與馬桶

在廁所有限的空間裡，清潔劑和刷子等清潔用具會佔據許多空間，甚至直接擺放在地上。

我從不使用馬桶刷，因為馬桶刷不只佔空間，還很難保持乾淨。

如同前面所述，我也不使用廁所腳踏墊跟馬桶坐墊套。擦手巾也是採用拋棄式的紙巾。紙巾使用完畢就丟進放在洗臉台旁邊，看起來不像垃圾桶的可愛紙袋裡。廁所裡面千萬不要放布類產品。

我向來都是用濕式紙巾清掃廁所。擦拭完鏡子和洗臉台周圍，接著擦拭馬桶，最後再拿去擦地板。親自動手擦拭能仔細觀察到細部髒污，將每個角落擦得乾乾淨淨。想要徹底清潔

只用一種打掃用品

打掃廁所的主角是濕式紙巾。大小剛好可以收在籃子裡，看不出是打掃用具。

三包廁所衛生紙

這是我網購的廁所衛生紙。拿掉外包裝後，取出三包重疊放在這裡，其他備用品則是收在門口旁的收納處。

的話，就拿廚房淘汰的舊海綿來刷洗。

每週我會特別清潔一次馬桶，我使用的是直接丟進水中的清潔錠。

打掃廁所在風水上是提升財運的典型做法。雖然不知道實際上有什麼真實效果，不過把廁所刷洗乾淨的動作，在強調「排泄＝排除污垢（壞運）」的概念上似乎有共通之處。就像有錢人通常都對金錢支出（排出方式）具有獨特的看法一樣。

5 min.

1天五分鐘居家斷捨離 40

讓廁所充滿清香

斷捨離是透過空間來款待自己，賦予自己愉快的心情。

讓自己在空間裡感到舒適，繼而產生愉快感。

因此為客人著想的同時，更要將自己擺在享受的優先位置。

你也是這樣子嗎？

在各種空間裡，廁所也是很重要的招待場所。

「排出」的地點實在非常重要，因為「排出」是過好生活最關鍵的一件事。

為了自己和訪客著想，動手把廁所刷洗到一塵不染，然後再替這個空間添加一絲香氣。

我最喜歡的味道是薄荷香。

我會拿萃取自北海道北見的天然薄荷製作而成的香氛噴霧，直接噴灑在收納於洗臉台下

放在廁所除菌、消臭的最佳夥伴

我使用由「石川縣能登設計事務所」推出的香氛噴霧「繩文之香」。檜木香氣很受客人們的喜愛。

的備用廁所衛生紙上。

這樣訪客如廁時，便能聞到一股不知來自何處的香味輕輕包圍著他們。

另一種推薦的香氛品是「繩文之香」。它是萃取自石川縣能登島產的羅漢柏精萃，聞起來很像檜木香。我們從繩文時代便與細菌共生至今，生活上不需要徹底根除細菌，而是搭配使用這種除菌消毒的噴霧劑，與細菌維持恰巧的共生平衡。

在廁所的裝飾畫作

這是我在加拿大蒙特婁購買的兩入套組其中一幅。帶給人一種陶醉的氛圍。

充滿特色的擺飾

我在秘魯錢凱遺跡購入的出土物複製品。讓客人看到它便忍不住露出微笑。

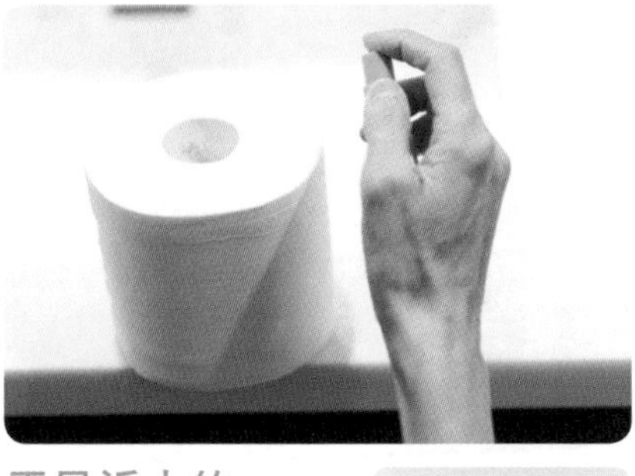

平易近人的薄荷香味

剛使用香氛品的人也容易接受的人氣香味。每次去北海道，我一定會購買這款「北見」特產的「天然薄荷油」。

5 min.

第 9 章

1 天五分鐘

衣櫃の斷捨離

「今天要穿什麼呢？」
你的衣櫃是否有帶給你
打扮儀容的樂趣呢？

衣櫃的「任務」

衣櫃是肯定、表現自我的打扮空間。
你「理想中的自己」是什麼樣子呢？

5 min.

1天五分鐘居家斷捨離㊶

選出五件「現在想穿的衣服」

衣櫥就是我的服飾店。早晨打開衣櫃，用「今天要買哪一件衣服」的心情來挑選，而不是「今天要穿哪件衣服」。

換個說法，如果眼前的衣服都不會讓你想花錢購買，那就表示你並不需要它。

不過絕大多數人的衣櫃都呈現倉庫狀態，完全不是服飾店。衣服雜亂、擁擠，連自己有什麼衣服都想不起來。

結果陷入「明明有很多衣服，卻沒有一件想穿……」的困境，不知該如何是好。

當你面對衣服堆積成山的衣櫃，不曉得該以何種標準來斷捨離時，千萬別用「還會不會穿」的想法當作篩選標準，因為這種想法容易讓人認為「我還會穿」，最後選擇保留。

斷捨離的主詞說到底仍是自己。要以「我想穿」或「我不想穿」來當篩選基準。

當你看著成堆的衣服，發現自己的思考、知覺、感性無法靈敏運轉時，請試著用以下方式來思考。

首先，在腦中想像「理想中的自己」，然後將這個形象視為目標，化身為自己的造型師提出建議，像是「這件很適合漂亮的你」或「這件不符合你的風格」等提議。

如何？是不是對衣服斷捨離稍微有點想法了呢？

保留既可平日穿，也可工作時穿的心愛衣服

遠距工作的機會變多後，衣櫃裡的衣服逐漸不再分類為平日穿著或工作時的打扮。

5min.

1天五分鐘居家斷捨離㊷

將沒有掛衣服的衣架取出

衣櫃會變得擁擠不堪，正是因為收納空間裡的衣服總量過剩。那麼問題來了，所謂的「適量」到底是多少件呢？

我自己會用衣架數量來限制衣服總數。

當我要加入新衣服到衣櫃裡，就必須先捨棄一件舊衣。

斷捨離的原則是以「捨」為第一優先。

加一件再丟一件的做法不夠實際，斷捨離的原則是先丟一件才能加一件。

我們要針對空間及時間來限制總數量。

而衣架就是能夠將這些「總量」、「適量」具象化的東西。為衣服隔開適當距離，目標讓每件衣服舒舒服服地掛在衣櫃裡。

移動空衣架，像這樣統一收在固定位置。

令人著迷的玫瑰金色衣架

衣架務必注意統一感。我常使用一般上衣用以及裙子用的這兩種衣架。

早上從衣櫃裡取出衣服後，把空衣架統一掛到另一個固定位置。如此一來就能清楚看出空間裡還能掛幾件衣服。衣架很容易淹沒在衣服與衣服之間，請把它們拯救出來吧。

另外，衣架的造型也要精心挑選，可不能隨便湊數。如果衣架的顏色雜亂，形狀各異，整體毫無統一感，那你絕對無法打造如同展示間的衣櫃。

以前我都是使用洗衣店的黑色衣架統一風格，但最近終於讓我遇見喜歡的衣架了。

長度較長的衣物專區

掛衣桿最右邊是連身裙或長襯衫的固定位置。皆以衣架來限制總量。

正中央的襯衫區

不論長短袖的襯衫都在這裡。鮮豔的顏色及圖案展現出「現在的心情」。

保持衣櫃裡的衣服要能記得款式及位置的數量

這是位於我寢室裡的開放式衣櫃。我的日常服、工作服、西裝外套、包包、小物品都收在這裡。另一個位於書房的衣櫃則是收納大衣及禮服。追求站在衣櫃前能感到身心愉快的理想狀態。

裙子、長褲收在內側

掛衣桿左邊收納裙子及長褲。區分出避免混成一團的間隔。

上層板不要堆積雜物

掛衣桿上方的層架儘可能不要擺放物品。我只放了一頂輕盈的草帽。

上方掛衣桿

白色西裝外套的貴賓席

我刻意把一穿上就覺得俐落筆挺的白色西裝外套收在同一個區域。

從上俯瞰衣櫃

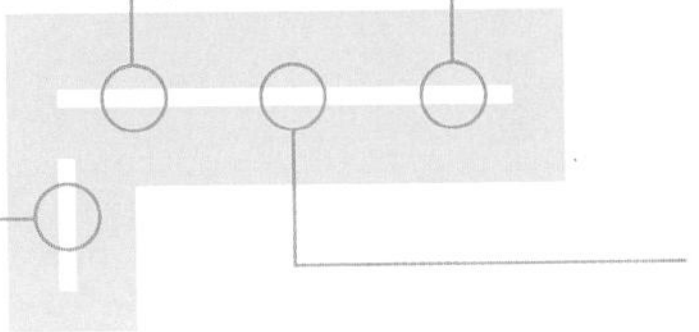

下方掛衣桿

將包包掛起來

清空內部物品後就吊掛起來。可維持形狀，避免變形。

底下的五斗櫃

別人送的錢包

招財納福的錢包們。每個都是大尺寸且顏色鮮豔的款式。

褲子收抽屜裡

有刺繡裝飾或顏色獨特的丹寧褲都在這裡。最多只重疊兩件。

一見鍾情的風呂巾

在機場或旅遊途中遇見的風呂巾（日本傳統用來收納物品的包袱布），一看到吸引人的圖案便忍不住買下來。

1天五分鐘居家斷捨離㊸

5min.

針對少有機會出場的西裝外套、禮服、大衣進行篩選

為了典禮或派對等特殊日子準備的西裝和禮服。

儘管很久沒穿，但這些衣服價格不菲，實在捨不得丟掉……你是否也有這種萬年掛在衣櫃裡的衣服呢？

即使是稱為經典款的衣物，設計上也會反應時下潮流。若在當下興奮地大肆購買，總有一天也會變心。

衣服具有「季節性」。如果身上的「季節活力」沒有帶給自己新鮮感，那就老實遵從自己的感覺吧。

我現在位於書房的衣櫃裡有兩套中國旗袍，一件黑色晚禮服。我只穿去參加過「斷捨離祭」等活動，後來就一直收在衣櫃裡，目前也沒有穿它們的打算。

衣服收納保持一定程度的空間感，會令人更珍惜每一件衣服——

衣櫃裡的白色西裝

隨著線上視訊的活動變多，西式套裝和禮服出場機會愈來愈少，不過它們仍然在衣櫃裡神采奕奕地展示著。

不過我並不打算丟掉。有時只是拿出來欣賞也會感到陶醉，光是擁有就會帶給我興奮感。這是我和這些衣服的相處方式。用「我要穿它！總有一天絕對要穿！」的心情來面對這些衣服，而不是想著「雖然不會穿，但丟掉太浪費了，實在是捨不得」。

此外，大衣也是很特別的衣物。不僅能隱藏體型和身上的衣服，還帶有時髦感，防寒效果更是絕佳。

大衣和其他衣物相比，使用循環比較長，一穿就會穿好幾年。相應季節結束後便拿去送洗，直到下一次季節來臨時再拿出來穿。

5 min.

選出「別人願意收下」的衣服

我的衣服待在衣櫃裡的時間，基本上是以一季為循環。當季節結束就會替換一輪，相對地，衣物總數並不多。

即使是衣服經過嚴格挑選的我，也會遇到「咦？我有這件衣服嗎？」的情況，衣櫃真的是很可怕的地方。

而那些衣櫃擠滿衣物的人，到底有多少件衣服早已被遺忘呢？他們的衣櫃想必充斥著許多不穿的衣服。

每當一季結束，就讓畢業的衣服早日「出嫁」吧。趁它們還可以穿，還能帶給別人愉悅心情時轉讓他人。

這是一種「讓對方願意收下」的心情，而不是純粹「轉送」。

心愛的華麗襯衫

穿自己喜歡的衣服——讓自己每年都越來越享受打扮的快樂。

在這個時代，我們可以到實體店鋪或透過網路等各種途徑處理不要的衣服。你可以賣到二手衣店，也可以透過二手線上網站販售，抑或放到網路拍賣。又或者，你也能選擇轉送給地方團體、學校等等。

不過你要注意，千萬別抱著「到時再拿出去」、「之後再送走」的心態，將好不容易斷捨離的衣服全擠在袋子裡，永無止盡地擺在家裡。因為你到時又會覺得「我應該還會再穿」，興沖沖地把衣服從袋子裡拿出來。

若要避免發生這種事情，你也能乾脆地拿出剪刀剪破衣服，這也是強迫自己放棄的一種方法。

5 min.

1天五分鐘居家斷捨離㊺

丟掉「舊舊髒髒的內衣褲」

假設你穿上華麗禮服，化好完美的妝容，準備出門參加正式場合。儘管大家看得到的外在打扮地完美無缺，但別人看不到的內衣卻穿得很隨便，這樣你會有什麼感受呢？

反正沒人看到，不需要在意？不需要介意？可是你自己心中比誰都清楚。

其實內衣褲的狀態就如同住家狀態。

不管外表打扮地再怎麼漂亮，若是家裡並不乾淨，那就像是穿著破舊的內衣褲一樣。

讓我來跟大家分享斷捨離主義者的「內衣褲心得」。

先換新所有的內衣褲，而且要勇敢冒險，選擇嬌豔的內衣。

內褲、胸罩、無袖吊帶背心都挑選統一風格，穿成一整套會讓人更有活力感。一定要在細心化妝與挑選衣物打扮之前，先穿上完美的內衣褲。

另外，千萬不能節省對內衣褲的投資。不用我說，現在持有的破舊內衣褲當然要馬上斷捨離。不可以永遠緊抓著充滿使用感的破舊物品不放。

千萬別因為內衣褲洗得很乾淨，就覺得心滿意足。

你覺得呢？內衣褲可是最貼近你的衣物，是能夠供應大量「氣場」給你強大存在喔。

不適合「理想中的自己」就馬上丟掉。

正因為看不到，更要穿高品質的衣物

你的內衣褲是否有磨損或破洞呢？連看不見的地方也要用心處理，才是斷捨離的精髓之一。

5 min.

1天五分鐘居家斷捨離㊻

選出三個「想揹出門的包包」

包包和大衣一樣都象徵著「憧憬」。我非常喜歡包包。每當旅行時偶然看到包包，總會忍不住購買。

我最近買到最滿意的東西，是去年在大分物產展上購買的「上漆紙製包包」。包包本身用大匹的舊腰帶布包覆著本體，散發不可忽視的存在感。一帶出門就會吸引大家目光，是一個彷彿藝術品般的包包。

包包也是一種「佔有慾」的象徵。裝入許多物品隨身攜帶，包含內容物在內都想納為己有。感覺上用佔有來形容會比珍愛更貼切。

可惜的是，即便是頂級名牌包，也常被大家隨意擠在衣櫃深處。本來在店裡的光線照耀

將心愛的包包放在椅子上，當作一種藝術品來欣賞。

桌上的雜物都收在這裡面

這是我在大分物產展上一見鍾情，用舊腰帶布製成的包包。
活用包包的大容量，作為桌面上的日常用品暫時收納區。

下顯得耀眼奪目的包包，最後卻淪落到擁擠的衣櫃裡，明明還很新，卻顯得寒酸老舊……我已看過無數這樣的畫面。

當物品數量與空間沒有均衡感，會使得物品的質感和空間的品質，不相符。

相較這些包包等物品的貴重感，對比空間的擁擠感實不相襯。

正因為包包是憧憬、珍愛、佔有的象徵，我希望大家都能讓寶貝的包包重獲生氣。

5 min.

1天五分鐘居家斷捨離㊼

包包的內容物通通清空

幾年前，我曾在某本雜誌上接到關於「包包內容物」的問題。
該名讀者的煩惱是他的包包總塞滿東西，導致包包本身變得很重。
那真的單純只是雜物的重量嗎？
請試著問自己下列問題，你也許會覺得很有意思。

剛出生的三公斤嬰兒和三公斤的水泥塊，你覺得哪一個比較重呢？

數字表示的確實是相同重量，但是大家都能感受到兩者的差異吧。
剛出生的小小生命——其身體重量之輕會令人忍不住緊張發抖。

清空包包

將充滿「一日經歷」的包包內容物通通取出，讓它恢復輕盈的身體。

而水泥塊——如果沒有需要搬動，它就只是一個極其沉重的負擔。

包包也是同樣道理。如果你的包包裡，充斥著許多不隨身攜帶就會感到擔心和不安的物品，包包自然會逐漸變重。

可以的話，我建議你的包包裡只放一些能帶來安心感和希望的物品。如此一來，包包一定會變得輕盈許多。

我習慣在回家後馬上清空包包內容物。像這樣拿出來一次俯瞰，可以當作一種檢查攜帶物的步驟。而清空的包包就讓它「好好休養一整日的疲憊」，通風一下重新裝填「新氣」。

選出「喜歡的毛巾」當作旅行夥伴

日本有淵遠流長的「包巾文化」。風呂巾充滿變化自如的魅力，也能針對容量靈活運用。既可以包裹起來手提，也可以折起來收在包包裡。

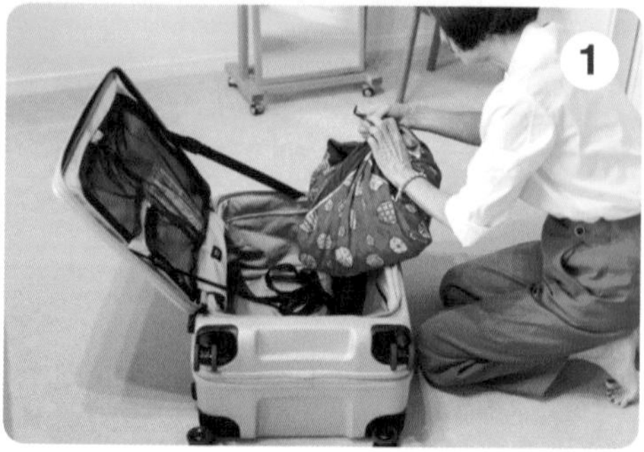

1

包裹衣物

能隨意變大縮小就是風呂巾的魔法，只要拉起巾角束緊即可。

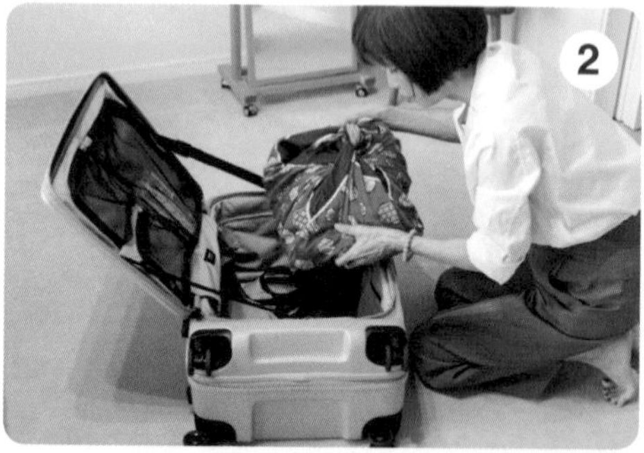

2

能隨意調整形狀

雖然不管什麼形狀都能收納進行李箱，但更要注重漂亮俐落的收法。

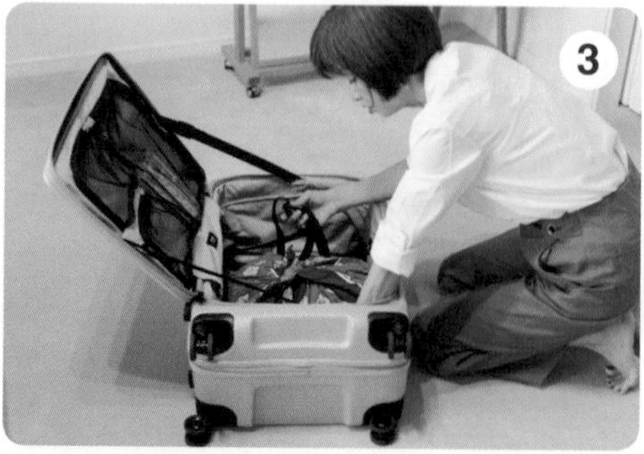

3

完美容納

完美收進行李箱！再稍微調整布料。

4

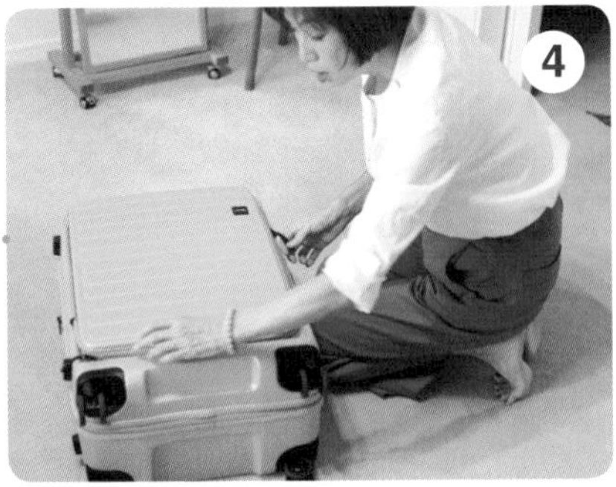

拉起拉鍊

箱型行李箱的優點是用拉鍊開合，可以活用裡面的大空間。

5

完成！

旅行時，如風一般四處移動的生活，隨身物品也要減到最少。

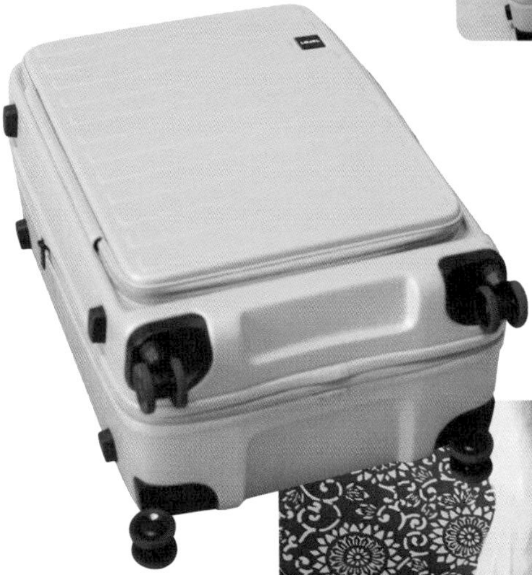

最近我最喜歡的風呂巾是這兩條！

大尺寸的是長寬皆為 125 公分的方巾，小尺寸的則是長寬為 88 公分的方巾，兩條都是偏大的尺寸。

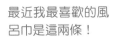

第10章

1天五分鐘

書房の斷捨離

書房的桌面要注重「俯視」，
還要加入一點室內設計感。

書房的「任務」

書房是思考的寶庫。
滿足知識欲、求知欲的空間。

1天五分鐘居家斷捨離㊽

5 min.

先把「文件山」的數量減半

轉眼間突然驚覺桌上的文件、資料、書籍全部堆積如山。這些紙類會強烈反應你自身的狀態，絕對不能小看紙類的斷捨離。

文件……努力工作的我
資料……努力收集各種情報的我
書籍……吸收許多知識的我

這些紙類是反應過去實績的證物，在考慮「留與不留」時會遇到相當大的困難，因為這彷彿是在反問「要不要留下」自己存在於社會上的價值。

但是你必須認清事實，不需要的東西就是不需要。

與此同時，紙類就像一種「擔保品」。

即便早已過了期限，卻又怕丟掉會害自己蒙受損失。

就像在一些工作場合，有些人面對早已結案的案子，總會害怕「萬一客戶問起怎麼辦」，導致自己遲遲無法丟棄以前的文件資料。

其實這些事都已經結束了。

最重要的是，你要明白正是這些堆積如山、無用的紙類文件奪走了你的時間與能量。

山下流做法

文件分類的流程

對於「不擅長整理瑣碎檔案」的人。
下面介紹可以保持頭腦清醒又不費事的方法。
重點是「3 個分類」。然後就是「俯瞰」。

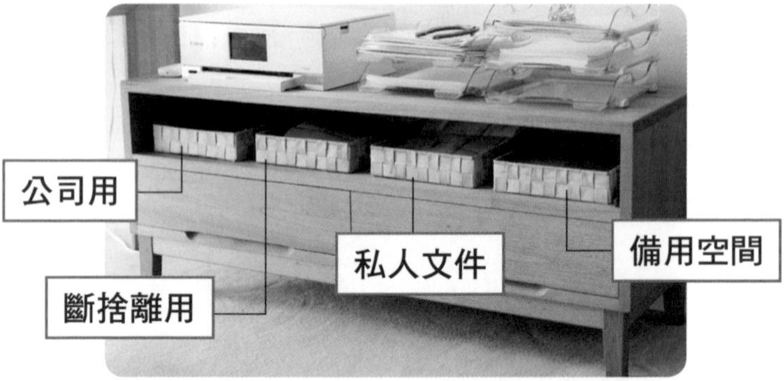

我使用三個平抽式籃子來收納，最右邊的第四個只是備用空間。我不把文件收在抽屜，而是擺在看得見的地方。

能夠一眼俯視的大桌面

「籃子收納」的優點是沒有蓋子，可以隨時移動。我會在能夠把籃子一字排開的大空間上分類文件。

當下判斷「留或不留」

籃子只是暫時的收納處，一旦決定「不留」就馬上撕碎，絕對不能有「暫時保留」的念頭。

必要的收據就收進信封

要寄給會計師的收據全部整理在同一份信封。文件越來越少囉。

文件變少，心情也跟著變清爽

別把文件收到抽屜或文件夾裡，找出你的「處理流程」吧！

5 min.

1天五分鐘居家斷捨離㊾

把書桌上的雜物收拾乾淨

書桌原本應該是思考的地方，實際上卻堆滿文件山、文具、書本、教科書、數位產品等等……東西堆得越多，作業空間當然會隨之縮小，最終導致自己思考時，受到過多的資訊影響變得不專心。

這也就是說，當我們能斷捨離有形之物，就等於能夠同時斷捨離無形之物。

斷捨離多餘之物，就不會被過多外物影響思緒。
斷捨離多餘之物，就不會受到過多資訊影響思考。
當我們不會受到過多資訊的影響，就能夠斷捨離不必要的想法。

這是一個簡單的事實，大家肯定也都曾經體會過。

沒錯，當我們越深入斷捨離的領域，越能消除停滯不前的思考盲點。

斷捨離即是讓思考恢復運作的方法。

「桌面上不放置物品」——請在心中複誦著這句話，動手整理你的桌面吧。

當事情做完了，就讓桌子回到「歸零狀態」。

我的書桌原是一個餐桌

這是我在前一個家使用的大餐桌，長寬為 90×180 公分。可以坐在這裡一邊欣賞窗外風景。

5 min.

1天五分鐘居家斷捨離 50

選出要放在筆筒中的三支筆

雖然現在是個用電腦或平板也能書寫的時代，但我們依舊難捨手寫的美好。我們對筆類向來有一種憧憬的情懷。

筆象徵著「追求滑順」——不，也許應該說，我們總以為追求這種滑順感，就能得到流暢的思緒。當我們使用筆觸滑順的筆在紙上寫字，彷彿美好的語句也會隨之溢出筆尖。

雖然一支筆的價格並不貴，可是丟棄時卻會產生罪惡感，令人忍不住保留、閒置。

我經常看到很多筆筒裡的筆根本塞到無法動彈，這樣根本不可能培養出柔軟流暢的思考模式。

筆筒只能放置最低限度的必要物品。

我只有一支黑色軟毛筆刷簽字筆，一支黑色原子筆，一支粉紅色螢光筆，總共三支而已。而筆筒本身，是能當作書桌擺飾的愛用品馬克杯。當我想要做一點變化，就會換成其他馬克杯，當下的心情就有所轉變。

每次工作結束後，我都會維持桌面上只有筆筒和電腦。

筆跟自己也有個性契不契合的問題。選出能夠豐富工作和學習時間的筆吧。

不需要兩支相同的筆

筆筒也要注重設計感。不要放置多支相同款式的筆。

5 min.

1天五分鐘居家斷捨離 51

斷捨離文具備用品

文具種類繁多，又充滿吸引人的設計感，讓人忍不住想要收集。但我經常看到大家的收納空間混雜著剛買的東西、用到一半的東西，以及早就用完的東西。

那麼，你都怎麼管理你的文具備品呢？

我所有的文具備品都收在矮櫃的其中一個抽屜「統一管理」。我並不會像一般收納術那樣分割空間、用標籤分類物品。

為了讓自己打開抽屜就能一目瞭然，我會讓每項物品明確擁有自己的地盤，表現出「夾子在這裡」、「釘書機芯在這裡」、「便條紙在這裡」的存在感。

另外，我也嚴格控管各項文具的備品數量，基本上只需要一兩個備用品便夠用了。

萬一備用品用完的話會不會很困擾呢？答案是不會。只要不是為了防疫必須關在家裡的情況，我們隨時都能出門去買。

不過也別忘了要定期檢查和斷捨離。抽屜是個只要關上就看不到一切的封閉空間，倘若不管三七二十一，隨手就把東西塞進抽屜，不知不覺就會塞滿過量的物品。

因為空間有限，別把收不完的東西全塞進去，要替抽屜訂定總數量限制。

便條紙

夾子

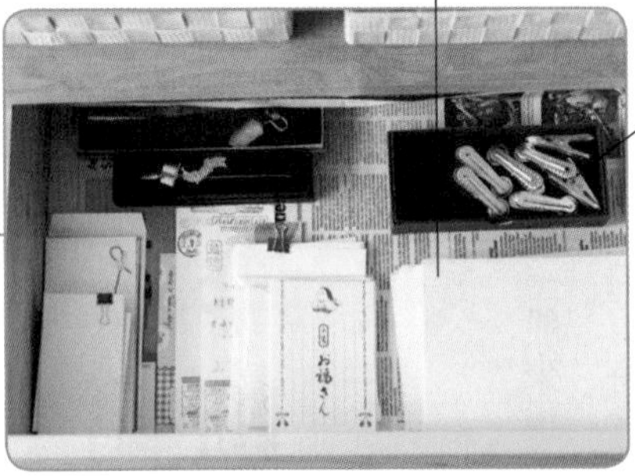

左邊抽屜是信紙區。別人寄給我的信和明信片，以及新便條紙與信封都放這裡。

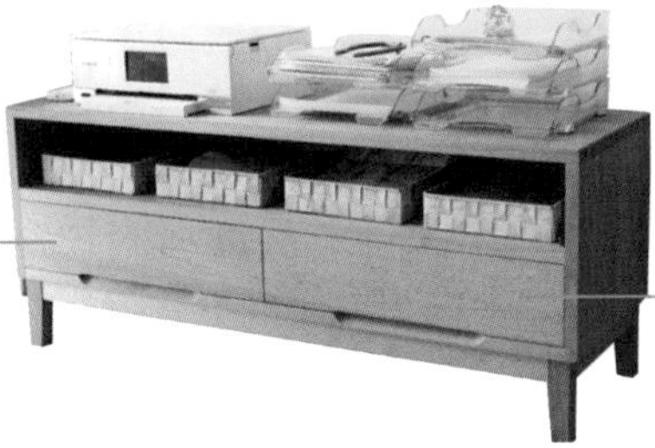

書房的多用途矮櫃

印表機和管理正在處理中的工作文件透明架就放在櫃子上。這是協助我工作的得力助手。

麥克筆、筆型毛筆、原子筆

釘書機芯

印表機的墨水匣

右邊是文具備品區。東西放在哪裡、應該補充哪些備品都能夠一目瞭然。

5 min.

1天五分鐘居家斷捨離52

斷捨離一層書櫃的書籍

一般來說，書本象徵的是「求知欲」，但是對我而言，書本代表的是「幸福」。購買時會感到幸福，持有時也會感到幸福，當然閱讀時更是幸福萬分。所以，請你「捨棄不會帶給你幸福感的書籍」。

我每週會去買兩到三本書。有些是工作上需要的資料，有些是單純滿足求知欲。另外也有別人送我的書，數量一直不斷地增加。

我的閱讀方式是將書「物盡其用」，直到它變得破破爛爛。我習慣拿螢光筆劃重點線，將書頁折角作記號。也因此，我沒辦法去圖書館借書。

另一方面，我也會遇到翻沒幾頁就闔上的書。

書本和閱讀者會有契合度的問題，也會受心情、閱讀時機影響。就算沒看完也沒關係，不需要因此感到罪惡感。

若能在閱讀時發現一段金句，這樣就已經很幸運了。我們閱讀並不是為了詳細記得所有細節。

要揮別這些書本時，就用「交給下一位想看這本書的人」的心情直接送給別人，或是拿去舊書店回收。至於有受損或髒污的書，就抱著感謝的心情拿去資源回收吧。

若書本沒有人翻閱，只是放在書架上堆積灰塵，對書而言也不是幸福結局吧？

書是對自己的投資

我們對書本來就有自己的喜好，可是不翻開來看，便無法得知自己喜不喜歡。閱讀時別抱著「雖然不好看，但還是勉強繼續看」的心情。

去除書本和紙類文件的「存在感」

關起櫃門，看起來很清爽！

我的書房入口處的書架。擺放重心在底部方便拿取。上層則是裝飾的空間。

打開櫃門，可以看到從「暫時收納區」轉移過來的「長久保存版書籍以及文件」。話雖如此，這裡也需要定期整理。你一定會發現「這個怎麼會放在這裡？」的東西。

調和商務空間的氣氛

櫃子裡擺放充滿異國風情的擺飾品，有助於放鬆心情。

各種進行中的企劃案

這些是合約書或使用指南等等「重要文件」，有時會拿出來查看內容。

山下英子的「孩子們」

包含翻譯書在內，我有超過一百本著作。但是只保留空間足以容納的數量，這就是斷捨離的做法。

5min.

取出錢包中的收據並進行分類

錢包象徵「財運」，看一個人的錢包，就能看出他與金錢之間的關係。放在你錢包裡的錢是感到開心還是不開心呢？

出門時，它會帶給你愉快的生活插曲，還是招來不愉快的遭遇呢？

「錢包就是金錢的家」，我們當然希望錢包能讓金錢在裡面待得舒適，離開時也能留給我們能量。

希望大家使用錢包時，是會讓金錢主動想回到這個家的狀態。

其實錢包是一開始訓練斷捨離的最佳對象。錢包也很需要空間斷捨離。而且能夠用「留、不留」這個單純的判斷標準來執行。

以前我曾跟共事的工作人員一起做錢包內容物的斷捨離。參加者總共有七位。

我發現其中一位是「肥胖錢包」的主人，一位是「雜亂錢包」的主人。

「肥胖錢包」裡甚至還有半年前的收據，將錢包擠得圓滾滾的。

「雜亂錢包」則是沾染髒污以及破損，甚至還混雜了國外的紙鈔和硬幣。

看來他們兩位都需要替金錢尋找新的家，而他們後來也默默地開始努力篩選收據及金融卡片。

好了，現在你也來試著「錢包斷捨離」吧！

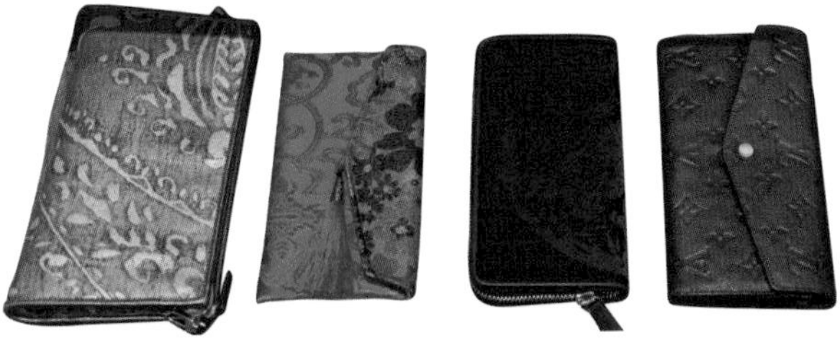

讓錢包成為金錢會主動想回家的空間！

我喜歡可以全開的長夾

錢包也要選擇能夠「一目瞭然」的款式。一天結束後，要檢查裡面的內容物。

檢查錢包

將收據及零錢從辛苦工作一整天的錢包裡取出，讓錢包恢復輕盈的重量。

5min.

1天五分鐘居家斷捨離 54

選出要留下或丟棄的集點卡

會員卡、集點卡通常給大家一種「賺到了」的感覺。

喜歡追求這種感覺的人，其實是一種「我的人生沒什麼價值」的行為，簡單來說，這樣的人只會依照「得失標準」來行動。但是，我們若能跳脫得失的侷限，用「感謝等級」的想法來思考，錢財自然滾滾而來，且聽我慢慢解釋箇中原因。

我本人沒有任何一張集點卡。因為我認為「有點數回饋的確很棒，但我只要有這個商品就夠了，請商家收下應得的收益吧」。

我並非一個無欲無求的人，反倒是個很貪心的人。我要的並不是這種小小的好處，而是更大的利益。我追求的是更遠大的人生機運，以及人與人的緣分。如果只小氣地依照眼前得失來行動，也只能擠出一點點的錢。不過航空公司的信用卡里程數是我唯一的例外，因為我很喜歡旅行，也很愛搭飛機。

5 min.

1天五分鐘居家斷捨離55

讓記事本擁有「留白」空間

記事本象徵的是「對未來的期待」。即使還不到「未來展望」這個等級，但確實有期待某些事情發生的期盼感。全新的空白記事本彷彿在告訴自己，未來仍如白紙一般充滿希望。

每年拿到新記事本時總會感到雀躍不已。還沒有書寫任何行程的行事曆，不知道以後會填寫什麼內容——不過，夢想不能只是書寫下來而已。最重要的是將夢想視為一項預定行程——不，應該是一份計畫書，記錄自己該如何去執行。請寫下「我這要在這一天出發！」而不是「總有一天想去看看」。

現在是一個運用Google線上行事曆的時代，預定行程會透過提醒功能來通知使用者。雖然確實很方便，卻總有一點寂寞。記事本所蘊藏的魅力，就是當我們坐在記事本前，可以看著留白空間想像各種可能。

有形的東西和無形的事情並無二致，空間與時間亦同。塞滿太多內容物就會無法負荷，沒辦法應對處理。請大家一定要留下舒服的「留白」空間。

書房的另一個收納櫃

雖然我平常幾乎沒有收看電視的習慣，不過角落處也靜靜擺著一台電視。

矮櫃是由天然核桃木製成，是我向石川縣生活藝術工房訂製的商品。

我書房及寢室使用的矮櫃都是有櫃腳的款式。不僅有俐落向上延展的美觀性，更重要的是方便打掃。掃地機器人 Roomba 可以順暢地來去自如。矮櫃本體都是由我親手擦拭養護。

電器用品相關配件的抽屜

電腦、充電器、轉接頭、線材等物品都隔著間隔擺放。

不需要使用衛生紙時也要收起來

我儘量維持「矮櫃上不放任何物品」。面紙套使用的是沖繩的「紅型布料」。

5 min.

第 11 章

1 天五分鐘

臥室の斷捨離

就寢與起床時，都想身處在
一片浪漫氣氛之中——臥室
就該是這樣的空間。

臥室的「任務」

最注重安全與安心感。
讓人能夠沉睡，休養身心的空間。

5 min.

1天五分鐘居家斷捨離 56

丟掉一件沒在使用的被子

請捫心自問：「最近幾年有訪客來你家住宿嗎？」

為了隨時能招待來訪的客人，大部分的日本人會事先準備好備用棉被，塞在和室上方的收納櫃、壁櫥、儲藏室等等地方。可是有些人卻從來沒有拿出來用過。我曾聽過一個案例，有個人每次遇到活動都會準備棉被，經年累月之下，居然在自家的收納區翻出四十條棉被，真是太可怕了！

倘若平常就不常有人來拜訪，那麼未來肯定也很少會有訪客。現在的婚喪喜慶形式也與過往不同了。當有客人來訪時，就請他在晚上離開，或是請他住在附近的飯店吧。

丟棄棉被這件事在心理和生理層面上都是難易度極高的行為。由於棉被很笨重，要拿到外面丟棄需要耗費一定的體力。而且在日本，能夠丟棄棉被的日子也有所限制，更別說要轉

送給別人了。（編註：台灣則交由一般垃圾車丟棄即可）。

至於丟棄大型垃圾的方法，請諮詢地區自治團體處理垃圾的負責人。（編註：台灣請聯絡各地區環保局處理）

曾有一位七十幾歲的女性把她用心保存，從未使用過的棉被拿出來試睡一晚，最後決定把那件棉被丟掉。似乎是因為她覺得那件被子睡起來既沉重又不保暖，完全無法舒適入睡。

榻榻米床板的舒適感

我的床板是石川縣生活藝術工房的榻榻米床板。透氣舒適，維護清潔也非常容易。

5 min.

1天五分鐘居家斷捨離 57

清掃床鋪四周的小雜物

日本是經常發生地震的國家。每次發生地震時，許多來自全國各地的斷捨離信徒常常會這樣告訴我：

「幸好我有在做斷捨離，才能把家裡的損害降到最低。」

曾有一個例子，一位女性將早已化為大型垃圾，長年佔據她寢室的衣櫃，斷捨離後過了不久，馬上就遇到地震。

「如果當初那個衣櫃還在原位……」

「如果那些東西在睡夢時倒下來……」

光想像就覺得很可怕。

我們常常把早就沒用處的東西棄置成堆，不必要的物品層層積累，甚至還不自覺地增加整理用的收納家具。

結果反而導致室內增加了物品掉落、家具傾倒的危險。

而且我們自身並沒有察覺，這一切早已在我們的身心層面產生壓迫。請你即刻對床邊雜物進行斷捨離吧！

寢室是早晨甦醒時最先映入眼簾的畫面。

你是在晨光沐浴的清爽空間中醒來，還是在彷彿儲藏室或廢棄物集中場的房間裡清醒呢？開放感和封閉感，解放感和壓迫感，不用說也知道哪一種感覺比較好吧。

守護我睡眠的藝術品

讓寢室充滿著異國氛圍與能量。來自不丹的勝樂金剛像和海底輪圖。

面紙收在抽屜裡

床邊櫃和床鋪的高度相同，儘量避免放置太多雜物。

5 min.

1天五分鐘居家斷捨離 58

更換床單或被套

我去中國旅行投宿飯店的時候，曾看到前所未見的超大床鋪。

就寢時我只縮在床邊一角，內心想著這麼大的一張床，換床單時一定很辛苦。

我家清洗床單和被套的頻率大約是三天一次。

清洗床單被套是所有家事裡需要一定體力的勞力活。

我目前使用的被單是從單一開口裝入的類型，我花了好一番工夫才習慣它。不過床鋪四周若能空出一圈的空間，要更換床單及被套就方便許多了。

掃地機器人也能在床底清掃

動手做家事一定會獲得獎勵。只要有行動，事情就會有進展。若能勤勞更換床單被套，就可以在乾淨的床單上安穩入眠。

建議半年要更換一次全新床單和被單。棉被、床墊約三年全換新一次。畢竟這些會直接接觸到肌膚，一定要注意舊物品的代謝循環。

輪流使用兩套亞麻被套

我愛用的床單、被套、枕套都是有良好品質且價格合理的商品，在宜得利購得。

摺起棉被，讓床鋪深呼吸

榻榻米床鋪的優點是把棉被摺好，床鋪本身就不會悶著熱氣，能夠維持舒適感。

5 min.

第12章

1天五分鐘

收納櫃の斷捨離

收納備用品時儘量拿掉包裝袋。這樣可以在「準備使用時」減少一個步驟。

收納的「任務」

收納櫃是讓物品隨時能夠上場的休息室。
家裡不需要任何倉庫。

5min.

1天五分鐘居家斷捨離 59

檢查食品儲藏櫃的內容物

「囤積」和「儲備」之間有什麼差異？

囤積是基於自己想像「如果不夠用怎麼辦？」、「需要用到的時候若沒有的話……」等等永無止盡的可能性而出現的行為。

而另一方面，儲備則是準備適當數量的備用品，也就是懂得考慮使用頻率。這是基於「這段期間就用這些撐過去吧」、「儲藏室的空間就只有這樣，東西只要確保有這些數量的就好」等意識與想法所做出的行為。

> 認知時間的能力……在一定的期間內需要使用多少用品。
> 認知空間的能力……能夠儲放的地方有多少空間。

讓人想伸手拿
取的展示盤

用大盤盛裝種類豐富的食品

比起整齊收在籃子或抽屜裡，應該像這樣讓食品展現他們的「模樣」！

這部分的重點在於本身對時間和空間是否具備所謂「適量」的認知。有囤積習慣的人在這方面的思考很粗淺。實際上確實有很多人嘴上說要在家裡儲備物品，結果卻變成是囤積東西。

在防疫不出門期間，我的食品儲藏櫃使用頻率很高。簡直就像在舉辦全國物產展，充滿我在各地購買的食品，以及朋友送給我的禮物。

儲放食物時，我都會特別注意隨時掌握「什麼東西放在哪裡，有多少數量」，還有擺放時的美觀性。一切物品皆以適量循環為基準，既是儲備糧食，平常也會拿來享用。當數量變少就去補足，也會適當更換種類，時時注意物品的「流動性」。

收納備品時要充滿玩心

我刻意不拿掉左邊的竹子圖案包裝，讓它們如同竹子般直立擺放。

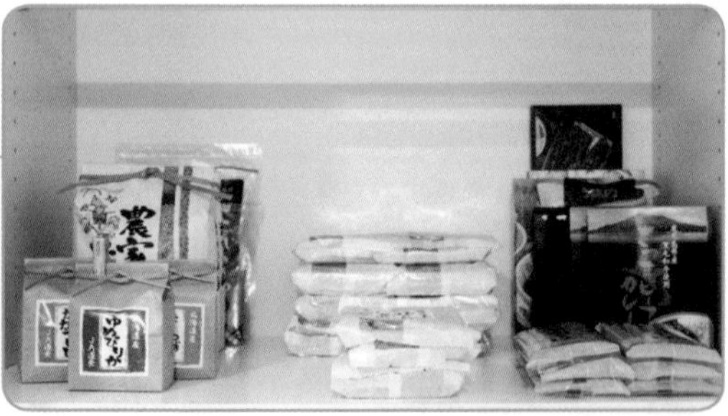

不使用隔板

我以空間區域來統一管理相同的食品。平常拿來食用時還能順便掌握儲備品的數量。

山下英子的食物儲藏櫃，宛如令人充滿雀躍的「全國特產展」

我靠這些儲備糧食撐過 2020 年 4 月到 5 月期間閉門不出的生活。這二十八天來，我一次也沒有去過超市，徹底執行閉關生活。腦袋裡時時刻刻在思考著「哪些食品有多少數量，要按照什麼頻率來食用」，生活過得一天比一天有趣。

雖是儲備食品，平常也會拿來吃。這就是具備「流動感」的適量循環法。

不要塞得像「客滿電車」一樣

各項食品和調味料各自「獨立」，看起來十分美觀。

大氣地擺放著一個大盤子

即使有充足空間也不要塞滿物品。除菌噴霧在右邊默默守護著這片空間。

充足的飲用水儲備品

櫃子裡有兩層都收納著礦泉水，而且其他地方還有。

美味的天然果汁

我喜歡將信州葡萄或蘋果汁兑水來喝。

防疫期間不出門，
「儲備品」大大發揮功用

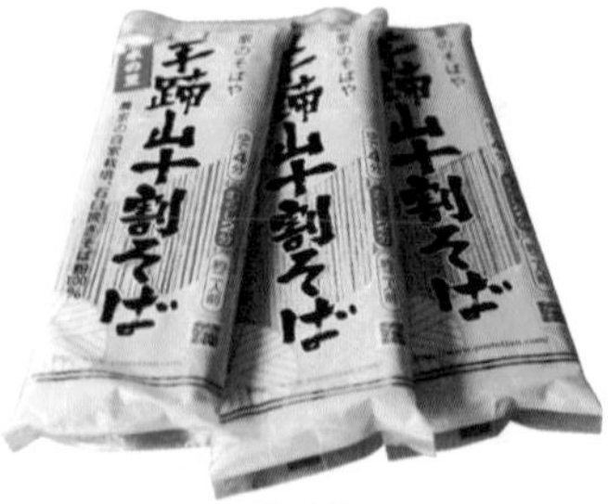

來自北海道的蕎麥麵

捐贈故鄉稅所收到的回禮——「羊蹄山十割蕎麥麵」。

十分下飯的「配角」們

食用辣油、牛肉、紅鮭魚……超下飯的絕妙好滋味。

舞妓辣油

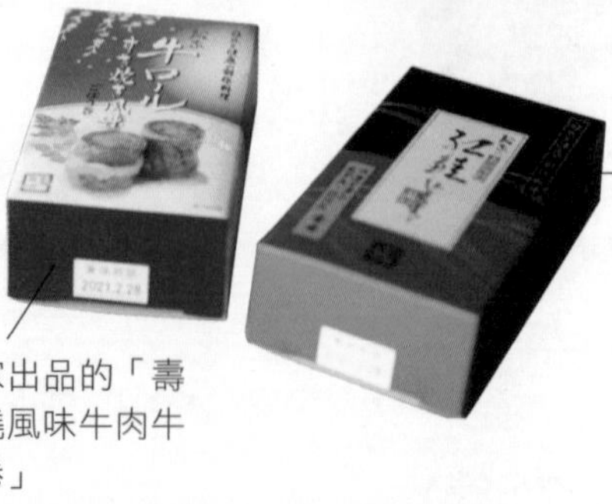

魿家出品的「壽喜燒風味牛肉牛蒡捲」

魿家的「紅鮭紅葉捲」

讓我來介紹我心愛的儲備糧食吧。北起北海道，南至沖繩——忍不住購買許多來自日本全國各地的名特產。這些都是當地人保證美味的推薦品，感謝現在是個網購萬能的時代。

可愛的小包裝白米

北海道產的「夢美人米」和「七星米」。皆是五百公克的小尺寸包裝。

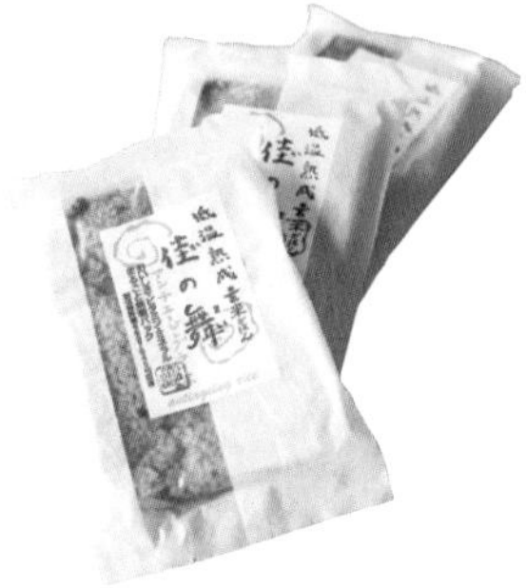

美味的玄米緊急備用糧

低溫熟成的玄米飯「佳舞」，不使用微波加熱也很好吃。

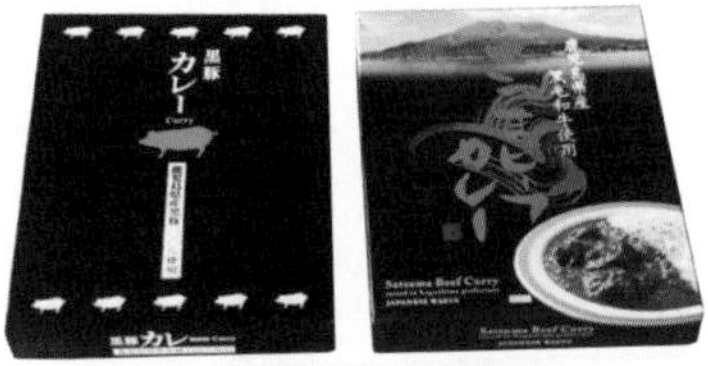

牛肉咖哩料理包

令人想一吃再吃的鹿兒島縣產黑毛和牛咖哩料理包。

利尻島的高湯粉

來自以昆布聞名的北海道利尻島的「Risen」高湯粉。照片上的是加入魚乾的「二號高湯粉」。

5 min.

1天五分鐘居家斷捨離 60

打開裝箱內容物不明的紙箱看看

有些人家裡的壁櫥一打開，就會看到幾年前搬家時使用的箱子還佔據其中。有的人家裡則是地板堆滿一箱又一箱的紙箱。

當我問住戶「這裡面裝了什麼」，他們自己也一臉困惑。既然箱子裡的東西至今為止沒有開箱也不影響生活，想必未來也不會是必需品。

雖然我很想直接說：「把箱子扔掉吧！別看裡面的東西，直接丟掉！那裡面不可能會有私房錢的！」不過還是請大家試著打開一個這樣的箱子，看看裡面裝了些什麼吧。

一直以來，我的目標就是得到搬家人員稱讚「妳的東西很少」。而實際上我也確實得到這句稱讚了。

東西少就方便打包，能加快移動速度。我也會在當天完成全部的開箱工作，絕對不會將搬家的紙箱原封不動地隨處亂放。

大家知道名為「365天的簡單生活」這部芬蘭電影嗎？

劇中主角把公寓裡的東西全部暫時放到租賃倉庫，然後再把真正必要、重要的東西一個一個取回，從中體會並慢慢認知自身和物品彼此間的關係，並由此重新展開人生——

這是一部和斷捨離有許多共通處，充滿啟示的一部紀實電影。

5min.

1天五分鐘居家斷捨離 61

拿掉廁所衛生紙的外包裝

廁所衛生紙、面紙、廚房紙巾、保鮮袋……等。

我們總是認為日常生活用品就是「必定會用到」，因此很難捨棄。這樣的行為缺乏從時間上思考物品數量及使用頻率的概念。而且這些東西不會腐壞，以至於許多人的家裡都過量囤積。

換句話說，這樣的人欠缺「空間認知能力」與「時間認知能力」。尤其是正值疫情期間，我看到很多人會囤積衛生紙與口罩。當人感受到不安，就會忽視時間與空間感。

準備日常用品的備用品時，請隨時提醒自己「使用時的舒適感」。

準備備用品的關鍵是時間認知能力與空間認知能力。

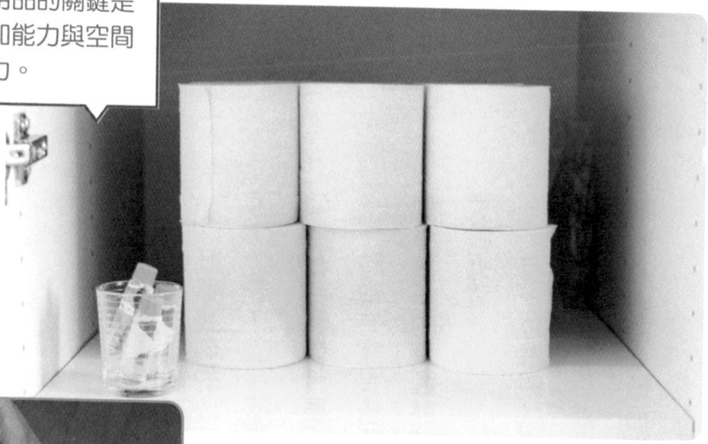

重點是懂得何謂適量

一定要學會「何謂適量」，避免因為不安而忍不住亂買一通，導致「沒地方放備用品」。

別偷懶不做「第一步驟」

東西一買來就要立刻處理掉外包裝袋或盒子。

如廁所衛生紙等物品，剛買來時都有外包裝。請在買回家時就把物品從袋子或盒子裡取出，先做好「第一步驟」。往後要使用時，你就能少一個麻煩＝動作。

很神奇的是，同樣的「一個步驟」，先做好和事後再做的感受完全不同。當我們事後才去做，就會產生一種麻煩感。

從洗衣店取回衣服後的塑膠防塵袋、食材或調味料的外包裝、家電製品的盒子等等皆是如此。

請一定要提醒自己做好「最初的第一步驟」。

丟掉已經沒有在玩的玩具

既然我們的收納空間有限，有關小孩子的遊樂器材、玩具、布偶……等，那就必須訂定「不能超過這個數量」的總量限制。若把收納空間視為一個表演舞台，我們就要經常替活躍其中的物品進行甄選。

時常有家長告訴我，「不知道該用什麼標準來斷捨離小孩的物品」，其實小孩子的東西就該由他們自己決定。讓孩子學習自己篩選玩具是很重要的成長過程。

有一位單親媽媽因為「怕孩子寂寞」，於是買了很多布偶給小孩。可是她的孩子只愛跟喜歡的布偶一起玩，並不需要那麼多娃娃。那不過是母親出於本身的內疚感而做出的行動。

留存作品與孩子笑容的「瞬間」

看著孩子們努力做出來的藝術作品，父母通常不會嚴厲批評，而是大力給予讚美。只要拍下作品和孩子的笑容作為「紀念」，孩子和父母都能感到心滿意足。

如果你真的「為孩子著想」，那就給予他們空間，而非物品。讓他們能在一個舒適、清爽的空間活動。

購買太多東西給孩子，反而會影響孩子「選擇」的能力。要在他們能夠選擇的範圍內給予東西。我們不也是一樣嗎？比起三選一，要我們百裡挑一的話，反而更令人不知所措吧。

5min.

收到的禮物，放在櫃子裡裝飾偶爾欣賞

有些人因為「那是別人送的禮物」，所以會寶貝地收藏在櫃子裡。

也有人因為「那是別人送的禮物」，所以陷入無法丟棄的煩惱。

收禮就是收下對方的心意。當你滿懷感謝地收下後，你就是物品的持有人。至於之後要怎麼處理禮品，就是自己的問題了。

珍惜物品指的不是保留它，也不是捨不得丟掉它。

珍惜物品所指的是如何使用以及維護它。

我們很容易陷入「丟棄物品」等於「不愛惜物品」的想法，事實上這是錯誤的。如果捨不得丟掉，一直留在身邊，我們也只會保留、閒置，然後遺忘它。

玄關
和室／客廳與飯廳
廚房／流理台
廚房／收納櫃
冰箱內
廁所／洗手台
浴室
廁所
衣櫃
書房
臥室
收納櫃
最後清理與丟垃圾

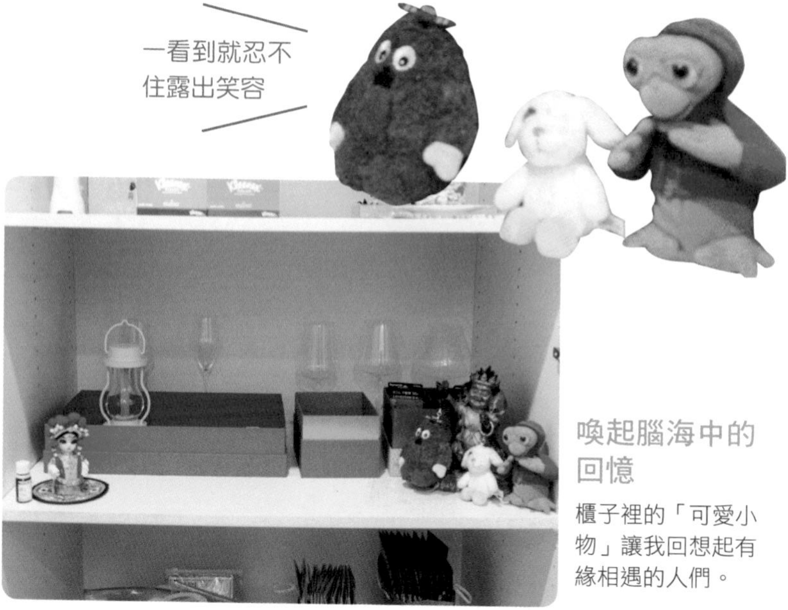

喚起腦海中的回憶

櫃子裡的「可愛小物」讓我回想起有緣相遇的人們。

丟棄＝解決。

也就是說，好好解決並讓它們功德圓滿，才是對物品最慈悲的做法。

有時我去採訪的住戶會送我禮物。就在前陣子，有一位年約國小生年紀的小朋友親手送我小玩偶。因為布偶本身實在太可愛了，我拿來裝飾備用品儲藏櫃的中層區域。

若收在櫃子裡，即使東西不符合室內風格，也能放心地拿來裝飾。

偶爾打開櫃子就能看到它們，頓時為自己帶來愉快感。像這種處理方式也不錯。

提升「愉快心情」的備品儲藏櫃

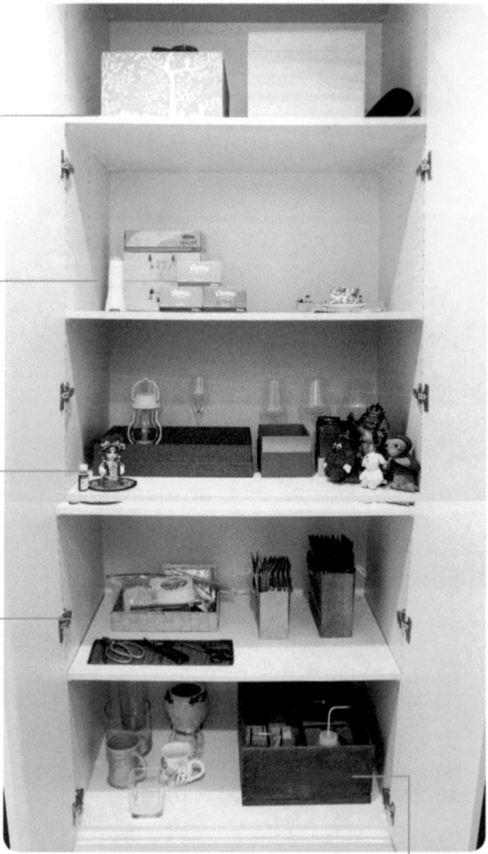

斷捨離收納法的基本標準就是物品之間的「獨立性」，如同我櫃子裡從下面數來第二層的紙袋備品。用這種某東西有「專屬位置」方式收納，就能打造出物品「自由自在」進出的空間。

風格獨特的馬克杯

能拿來當筆筒，又能當成擺飾品的馬克杯。

最上層的箱子是什麼？

我看到美麗的箱子總是捨不得丟棄，於是就放到這裡來。

六盒面紙

包裝袋當然早就拿掉了。旁邊默默地放著小擺飾。

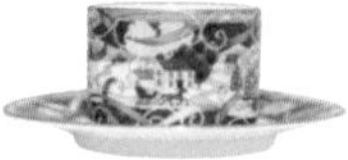

聖誕節圖案的茶杯

熱鬧聚在一起的布偶們

彩色的空盒子是裝小東西的地方。旁邊放著許多人偶或娃娃。

電池統一收納

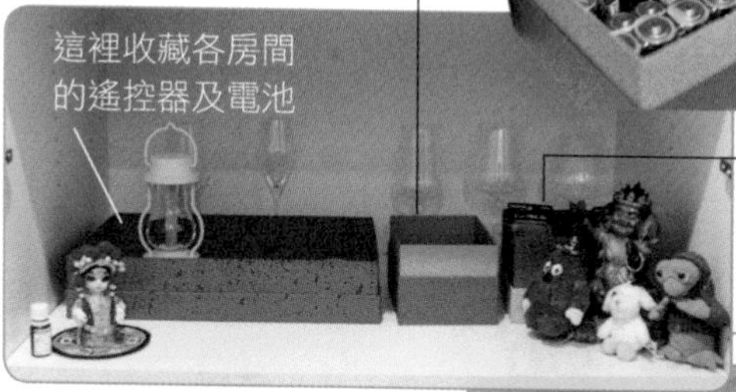

再也不會問「燈泡放在哪裡」

造型簡約好看的紙袋

兩種紙袋的備品都存放在這裡。我用它們來代替廚房及廁所的垃圾桶。

容易變黏手的膠帶裝在透明袋裡保管

剪刀平放在櫃子上

5 min.

1天五分鐘居家斷捨離63

丟掉「暫時保留」的使用說明書

購買家電用品或電子產品一定會附的使用說明書，就是「暫時保留」的代表物。

說明書是一種思考上極度以他人為中心，剝奪自身想法的物品。

我曾在現場看到早已沒有家電本體的使用說明書。明明產品已經完成使命，說明書卻還留在家裡。

總而言之，事實就是我們並不需要說明書，因為我們無法好好活用它。

可是我們仍會義務性地保留它，因為我們已經徹底陷入說明書「必須保留」的刻板想法。

你真的曾在家電無法啟動時，挖出說明書並按照步驟修好故障嗎？

你是否認為「能否活用」說明書的關鍵是每個人的能力問題呢？

事實上並非如此。

關鍵應該是你自己「要不要活用」說明書才對。這不是能力的問題，而是你有沒有採取行動。

這個和「無法整理」、「無法丟棄」這兩句話是一樣的道理。歸根究柢，你只是沒有去整理，沒有動手丟棄而已。

把思考重心從說明書拉回自己身上。

取回你原本的主導權吧。

第13章

1天五分鐘

最後清理與丟垃圾の斷捨離

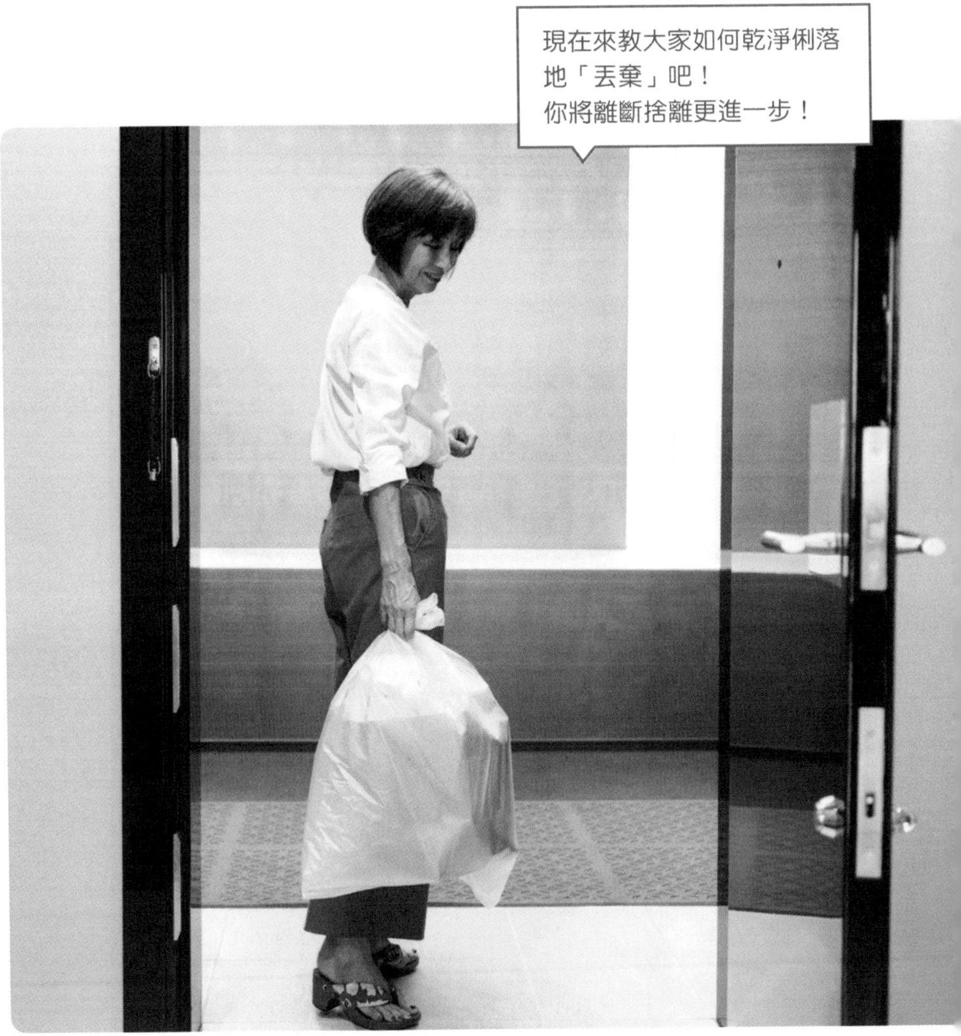
現在來教大家如何乾淨俐落地「丟棄」吧！
你將離斷捨離更進一步！

垃圾桶的「任務」

乾淨的「丟棄」，
舒適的「丟棄」，
為倒垃圾的過程帶來快樂感的工具。

5 min.

1天五分鐘居家斷捨離 64

只留下「十個紙袋」

紙袋象徵「憧憬」。紙袋、包裝紙、空盒子、具有設計感的罐子等等物品經常吸引我們的目光，可以說是一種人對容器的信仰。

這些東西都打造得極具魅力。可愛風、時髦感、優雅風……包含本體使用的素材，讓它們變成我們身邊唾手可得的藝術品，自然會令人捨不得丟掉。

話雖如此，我們也並非出於個人意圖、想法刻意取得這些東西，倘若我們未保有自我意識與想法，徹底跟它們做出決「斷」，這些東西就會主動入侵家裡。

請數數你們家的紙袋吧。

你的抽屜是否擠滿了紙袋，每次都認為「裡面還有空間」，不斷往裡面塞呢？若沒有事

十個一組地購買

這兩個都是近素色的極簡風紙袋，是我透過網路上以十個一組的方式購買。

大紙袋主要用於廚房，寢室的角落也有放。

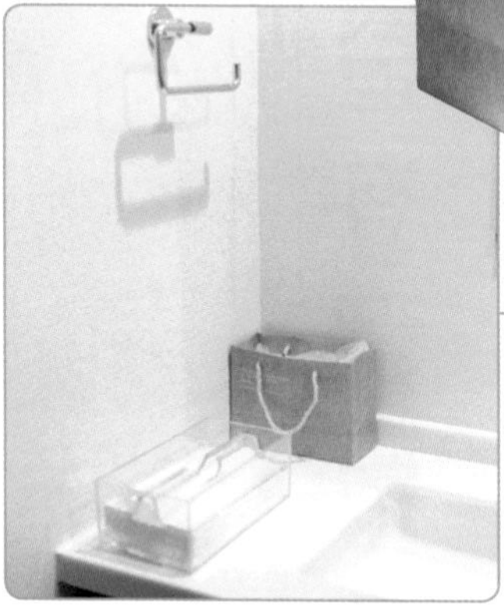

尺寸正好能放在廁所的洗手台。如果紙袋濺到水花就直接整個丟掉。

先設定「只能保留這些」的總數量限制，紙袋就會無限增生。

請先訂定「只保留十個」或「只保留這個袋子能裝的數量」，把其他多餘的紙袋都斷捨離吧。

我固定會在網路上購買紙袋。選擇尺寸一大一小的紙袋各一種。它們會化為我家的垃圾桶，既美觀、乾淨，又方便移動。

我只會保留少數一般商店的紙袋，並在「分送物品」時使用，盡快將它們送出去。

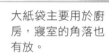

5 min.

1天五分鐘居家斷捨離65

塑膠袋要有「總數量限制」

自從一般店鋪的塑膠袋改為付費制，增加不少「不用塑膠袋派」的人。與以前相比，家裡堆放大量塑膠袋的人或許也相對減少了。

不過塑膠袋很容易給人「也許會在某個時候派上用場，先暫時保留」的想法。

我想趁這個機會給大家一個建議，請你斷捨離掉「醜陋」的塑膠袋吧。

舉例來說，你是否會將食材連同塑膠袋一起塞進冰箱呢？這樣不僅會讓冰箱內部看起來雜亂不堪，更不曉得袋子裡面裝了什麼。

出外購物回到家裡，一定要把所有袋子都打開來。先從袋子裡取出東西，需要使用食材時就能隨拿隨用。要改放到透明夾鏈袋也沒問題。

切菜時會擺在砧板旁邊的塑膠袋

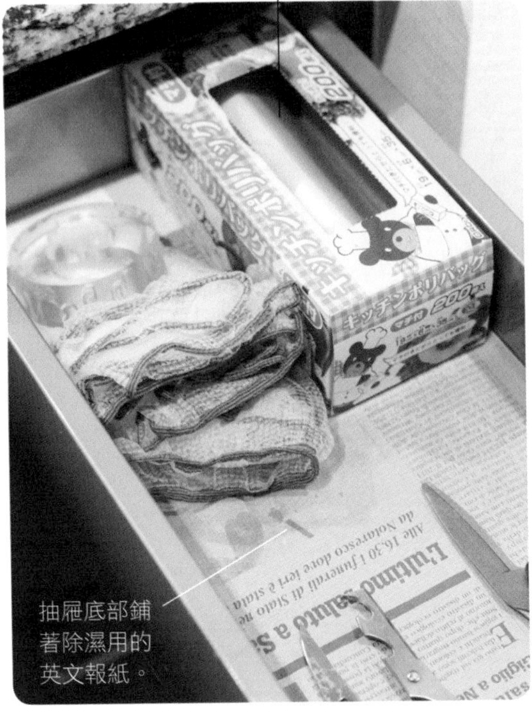

抽屜底部鋪著除濕用的英文報紙。

使用頻率高的剪刀放在最上層抽屜。

數量精簡地在抽屜裡待命

雖然我不會跟商店要塑膠袋，但我會在網路購買合適的袋子，並且放在離工作台最近、最方便取得的位置。

「最初的第一步驟」不要偷懶，不僅能省時，更能減輕整理壓力。

除此之外，很多人家裡的塑膠袋庫存區也常是一團混亂。請訂定好「這個空間只保留這些數量」的總數限制，徹底落實斷捨離吧。

塑膠袋的確便於拿來當垃圾袋。在塑膠袋改為付費制之前，我就已經是不拿塑膠袋的人了，如果意外拿到塑膠袋，我就會在當天拿來當作垃圾袋用掉。塑膠袋留在我家的時間非常短暫。

5 min.

1天五分鐘居家斷捨離 66

丟棄空盒子、空罐盒

我們看到漂亮的空盒會下意識選擇保留。我也會捨不得丟掉裝零食的空盒子，或是用來裝紀念品的木盒，自動把它們收到抽屜裡。

斷捨離非常歡迎大家保留喜愛的物品。只不過，當你的思考陷入停滯，導致它變成閒置狀態時，你就要立即去除。

我們常常覺得空盒子「很適合用來整理物品」。因為空盒子的尺寸多樣，方便收納在空隙之間，而且還可以不斷堆疊。

我每次去需要斷捨離的住家訪問時，都會看到被盒子佔領的空間。

有一戶住家，他們高聳的衣櫃上方堆放著裝有調理器材的盒子，塞滿衣櫃和天花板之間的空間。想當然爾，這些盒子已經好幾年沒有打開，甚至有隨時掉落的危險。

「可以」像這樣子
利用空盒子

色彩鮮豔的漂亮盒子

尺寸正好拿來當容易搞丟的乾電池收納盒。

也能善加利用具有風格感的木盒

螺絲起子或注油壺等工具統一收在這裡。

有些住家則是不知為何在門口鞋櫃下方的空間，塞滿了購買新鞋時附的鞋盒。平常看得到的空間尚且如此，更別提櫥櫃或抽屜裡面那些內容物不明的眾多盒子了。

請一天至少撥出五分鐘的時間，著手處理這些收納區，查看每個盒子，投入斷捨離的步驟吧。

5 min.

1天五分鐘居家斷捨離67

減少垃圾桶的數量

今天是收垃圾的日子！要拿出各個房間裡的垃圾桶，把垃圾集中丟進一個大袋子，然後替每個垃圾桶套好小垃圾袋，再一個一個擺回各自的房間——

沒錯，垃圾桶越多，管理起來就越麻煩。

很多家庭的夫妻也會為了倒垃圾而起爭執。

如果你想減少麻煩，要不要試著從斷捨離垃圾桶的數量開始呢？

我的家中只有廚房、盥洗間、廁所三個地方各有一個垃圾桶。

而且是用大小兩種尺寸的紙袋來取代垃圾桶的角色。設計上能夠融入室內風格，不會過度彰顯存在感。

大尺寸的紙袋放在廚房，我家客廳和臥室的垃圾也都拿來這裡丟。由於紙袋本來就是要讓人帶著走，所以也可以拿著它到客廳及寢室收集垃圾。

小一點的紙袋則是放在廁所的洗手台，用來裝擦過手的紙巾，若紙袋髒了就直接丟掉。

垃圾桶本身容易沾染髒污，可是卻很少人會好好維持垃圾桶的清潔。如果是用「拋棄式」紙袋，隨時都能保持乾淨。

而且紙袋不只具有獨立性，還有不佔空間的優點。如果想放在房間，也可以選擇藏在有家具遮掩的地方。

5 min.

垃圾袋裝到八分滿就拿去丟掉

將收拾完的垃圾拿去丟掉——這個步驟的關鍵是「不要裝滿垃圾袋」。當垃圾累積到七八分滿就要包起來。這時候不僅容易綁起開口，搬運時也比較輕鬆。

我家公寓有二十四小時都能方便倒垃圾的垃圾集中站。有一次我偶然在那裡看到一個垃圾袋，因為裡面裝入太多垃圾導致開口綁不起來，只好用膠帶封住開口。我對那個畫面感到很難受。

不只是垃圾袋，我們對空間也常有「塞滿慾」。看到空無一物的地方就想放入某些東西，想堆滿整個空間。

而斷捨離追求的恰好相反。斷捨離講求空間的空曠感，永遠在思考著如何儘量騰出空間。使用垃圾袋時別太小氣，不要擠到全滿才要丟掉。

清爽的 山下英子流 倒廚餘方式

將紙袋放置於廚房流理台上，並拿一個塑膠袋放在砧板旁。

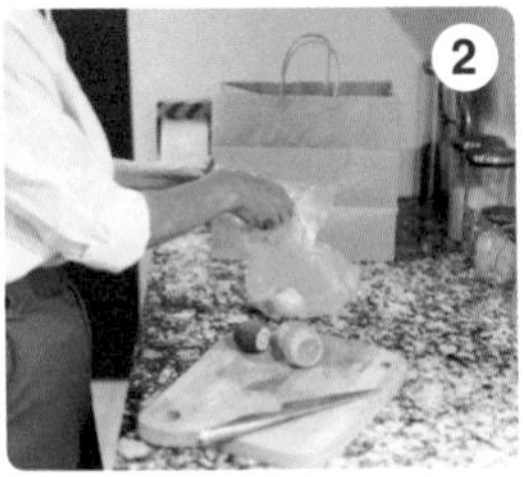

切菜時順手把菜渣廚餘裝進垃圾袋。

切完食材就順手把塑膠袋綁起來，就算沒裝滿也沒關係。

把綁起來的塑膠袋整個丟進紙袋，這樣就不會產生異味。

紙類垃圾或乾垃圾就直接丟進紙袋。

等紙袋裡的垃圾裝到一定數量，是時候輪到四十五公升裝的垃圾袋登場了。

用四十五公升裝的袋子套起整個紙袋，束緊開口。

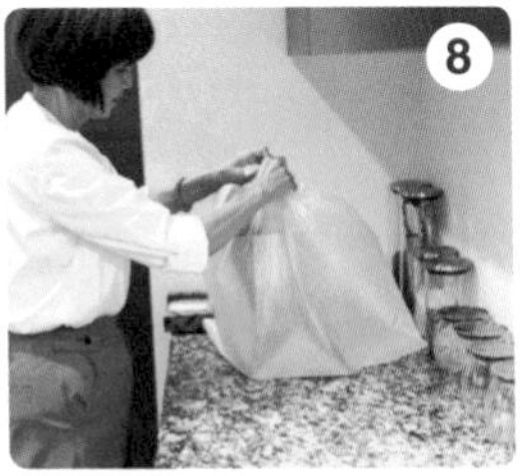

總是怕浪費塑膠袋跟紙袋？其實訣竅就是使用垃圾袋不能太小氣。

馬上拿出去丟掉囉～

以上就是簡易循環的「清爽倒垃圾法」！

家事斷捨離

第一本打破收納迷思、讓每個人都能不必特別花時間就做好家事的減法生活書！

★百萬暢銷作家最新力作，幫助所有為家事所苦的人生活變愉快！

★一一點破收納迷思，讓家事變麻煩的刻板想法要先統統斷捨離！

★符合現代人的忙碌日常，做家事只要利用早晨、夜間輕鬆實踐！

作者｜山下英子
譯者｜鍾雅茜
定價｜320元

徹底收納【實例圖解】

空間倍增 × 取用方便！日本超人氣收納專家的整理術！掌握 4 步驟 8 技巧就能改造空間！

★著作累計銷售突破 45 萬本，日本一流收納專家帶你擺脫雜亂生活！

★從客廳、臥室到盥洗室，進入不同場所徹底解析從無到有的過程！

★直擊不同家庭的改造，掌握 4 步驟與 8 技巧，小空間發揮大價值！

★依照生活動線 × 使用頻率做規劃，讓全家人都好收、單手就可拿！

作者｜本多さおり
譯者｜朱鈺盈
定價｜320元

捨 VS. 留 減物整理術【全圖解】

日本收納師教你用保有舒適感的微斷捨離，把家變成喜歡的模樣！

二寶媽療癒系之變態收納、居家收納 Mr. 許、整理師 Blair —— 美好推薦

本書教你從檢視現有物品、訂下理想生活的目標開始，痛快地揮別不需要的東西，留下「現在需要」且「真正喜歡」的東西，再以符合使用者「使用習慣」且「方便拿取」的收納方式整頓每一件物品，從此打造出不輕易回到雜亂、不特地收就整齊的居家生活！

作者｜小西紗代
定價｜360元

空間最佳化！家的質感整理

第一本從「生活型態」出發的簡單收納術，兼顧居住便利與風格設計，打造「想住一輩子」的家！

引領韓國居家時尚的「整理女王」李智英首度出書，完整公開「以人為本的質感居家」實踐指南！帶你突破盲點迷思、擺脫刻板印象，從整理收納到空間改造，一步一步打造出舒適好用又溫馨的「家」。

作者｜李知煐
譯者｜李潔茹
定價｜450元

台灣廣廈國際出版集團
Taiwan Mansion International Group

國家圖書館出版品預行編目（CIP）資料

1天5分鐘居家斷捨離：山下英子的極簡住家實踐法則×68個場景收納（全圖解）/ 山下英子著. -- 初版. -- 新北市：台灣廣廈, 2022.06
面；　公分
ISBN 978-986-130-543-1（平裝）
1.CST: 家庭佈置　2.CST: 生活指導

422.5　　111005482

台灣廣廈

1天5分鐘居家斷捨離【全圖解】

山下英子的極簡住家實踐法則×68個場景收納

作　　者／山下英子
翻　　譯／鍾雅茜
編輯中心編輯長／張秀環・**編輯**／陳宜鈴
封面設計／何偉凱・**內頁排版**／菩薩蠻數位文化有限公司
製版・印刷・裝訂／皇甫彩藝・秉成

原書編輯團隊
攝　　影／佐藤克秋
插　　畫／福々千惠
設　　計／吉村亮・石井志歩（Yoshi-des.）

行企研發中心總監／陳冠蒨
媒體公關組／陳柔彣
綜合業務組／何欣穎
線上學習中心總監／陳冠蒨
產品企製組／黃雅鈴

發 行 人／江媛珍
法律顧問／第一國際法律事務所 余淑杏律師・北辰著作權事務所 蕭雄淋律師
出　　版／台灣廣廈
發　　行／台灣廣廈有聲圖書有限公司
地址：新北市235中和區中山路二段359巷7號2樓
電話：（886）2-2225-5777・傳真：（886）2-2225-8052

代理印務・全球總經銷／知遠文化事業有限公司
地址：新北市222深坑區北深路三段155巷25號5樓
電話：（886）2-2664-8800・傳真：（886）2-2664-8801
郵 政 劃 撥／劃撥帳號：18836722
劃撥戶名：知遠文化事業有限公司（※單次購書金額未達1000元，請另付70元郵資。）

■ 出版日期：2022年06月
ISBN：978-986-130-543-1
■ 初版4刷：2023年12月